新型职业农民培育系列教材

农民专业合作社建设与经营管理

李秀萍　赵永军　葛万钧　主编

中国农业科学技术出版社

图书在版编目（CIP）数据

农民专业合作社建设与经营管理 / 李秀萍，赵永军，葛万钧主编 .—北京：中国农业科学技术出版社，2018. 8（2024.12 重印）

ISBN 978-7-5116-3637-9

Ⅰ. ①农… Ⅱ. ①李…②赵…③葛… Ⅲ. ①农业合作社-专业合作社-研究-中国 Ⅳ. ①F321. 42

中国版本图书馆 CIP 数据核字（2018）第 082104 号

责任编辑 崔改泵
责任校对 贾海霞

出 版 者 中国农业科学技术出版社
北京市中关村南大街 12 号 邮编：100081
电　　话 (010)82109194(编辑室) (010)82109702(发行部)
(010)82109709(读者服务部)
传　　真 (010)82106650
网　　址 http://www.castp.cn
经 销 者 各地新华书店
印 刷 者 北京捷迅佳彩印刷有限公司
开　　本 880mm×1 230mm 1/32
印　　张 6. 375
字　　数 166 千字
版　　次 2018 年 8 月第 1 版 2024 年 12 月第 6 次印刷
定　　价 32. 00 元

《农民专业合作社建设与经营管理》
编　委　会

前　言

农民专业合作社是在家庭承包经营基础上由农户自愿联合、民主管理的互助经济组织，它是一种连接农户和市场的新型农业经营主体，能有效提高农民的组织化程度，增强农民进入市场和参与竞争的能力。近几年，各地农民专业合作社发展迅猛，成为了促进农业发展、农民增收、精准扶贫的一支生力军。合作社通过共同经营，提升了农民在市场中的话语权和抗风险能力。

本教材以能力本位教育为核心，语言通俗易懂，简明扼要，注重实际操作。主要介绍了农民专业合作社兴起、农民专业合作社社员、农民专业合作社组织制度、农民专业合作社管理结构、农民专业合作社运营管理、农民专业合作社经济事业管理、农民专业合作社金融事业管理、农民专业合作社社会事业管理、农民专业合作社财务管理、农产品质量安全管理、农产品市场营销管理等方面内容，可作为有关人员的培训教材使用。

本教材如有疏漏之处，敬请广大读者批评指正。

编　者

目　录

第一章　农民专业合作社兴起

本章从合作社发展的历史和起源谈起，进而对合作社本质进行研究和分析；通过对合作社的分类以及与相关经济组织的比较分析，指出我国农民专业合作社的本质特征。

第一节　合作社的内涵

一、合作社的起源

何谓合作社？合作社从何而来？1844 年英国罗虚代尔公平先锋社（Roch-dale Society of Eguitable Pioneers）诞生，以此为标志，合作组织、合作制度开始建立，至今合作社已经存在了 170 多年。自中国共产党 1922 年 7 月创办中国第一个工人消费合作社“安源路矿工人消费合作社”至今，合作社在中国也有了 90 余年的历史。到 20 世纪初，合作社已遍布全球各地。如今，受合作社惠泽的人口占全球总人口一半以上，因此有人赞叹说“合作社滋润了半个地球”。甚至有人说合作社“征服”了世界。从 20 世纪 90 年代以来，伴随着我国社会主义市场经济的发展、农村改革的逐步深入和对外开放的不断扩大，一些地区的农民自愿组成的农村专业合作组织也如雨后春笋般地发展起来。这些合作组织符合合作社的基本原则，涉及农、林、牧、渔等产品的种植、养殖和加工，并扩大到农村流通运输、销售、信息服务等诸多领域，以面向市场、连接农商、提高农产品竞争力的鲜明特色，活跃在农村，为农民架起了通向大市场的桥梁。除了专业合作社以外，由于法律和政策的限制，在我国农村还小范围地存在着资金互助形式的金融合作，以及在一些城郊农村地区出现的土地股份合作社和社区股份合作社。

合作经济起源于个体劳动力经济联合的需要，最初是劳动者、小生产者为了摆脱和抵抗资本的剥削而组织起来的。在激烈而又残酷的市场竞争中，合作社是小人物在大世界中的机会，是市场竞争中弱者的联合。现代合作社的先驱罗虚代尔公平先锋社就是工人为抵制商业资本的高利盘剥而建立的消费合作组织，德国早期的面包合作社、贫农救济合作社、福利合作社和节俭信贷合作社等也是因工业革命而负债累累或失去财产的农民为躲避粮食危机而走上互助合作道路的结果。尽管当今许多发达国家合作社中有的社员已经不再是市场竞争中的弱者，如美国大型农场主，但从合作社主要成员来看，它仍然属于市场竞争中弱者的联合。“一个农业合作社，就是许多农民为了给他们自己提供某种服务而建立起来的一种商业形式”①。作为一种平民的组织和制度形式，合作社是商品经济发展到一定历史阶段的产物，是市场经济中不可缺少的活跃主体，具有广泛的适应性，对于发展本国经济、应对经济全球化挑战发挥着日益重要的作用。

二、合作社的内涵

“合作社”是一个来自西方的词汇，在英语中为“Cooperative”，意为共同、一起、联合实施、操作某件事，日本将其翻译为“协同组合”；德语中合作社为“Genossenschaft”，是指为了共同的利益大家结合在一起的经济组织。有关国家或地区的立法，对合作社进行了定义。

① 李长健，王悦．关于农村合作社的认识及立法保护研究．广西社会科学，2006年第5期

《越南社会主义共和国合作社法》规定："合作社是指具有共同需要和利益的劳动者，根据法律规定，自愿提供资金或劳动，在互助的形式下，以将来有效地进行生产、经营、服务活动和提高生活水准以及促进国家的社会经济发展为目的，谋求集体和个人实力的增强而组建的自治经济实体"。我国台湾地区2002年对合作社的定义为"依平等原则，在互助组织之基础上，以共同经营方法谋社员经济之利益与生活之改善，而其社员人数及股金总额均可变动之团体"。德国《合作社法》第1条规定："合作社的含义是成员具有可变性，通过共同拥有合作社的方式来促进成员在贸易和工业领域的活动"。1972年法国《合作社法》对农业合作社的定义是："农业合作社及其合作社联盟是不同于民事企业和贸易企业的一类特殊企业。它具有独立法人权利和完全民事权利"。"农业合作社的目的是，农民共同利用便于发展其经济活动的相关手段，以扩大该经济活动的效益"。荷兰《农业合作社法》规定："合作社是长期从事经营活动的农民组织，共同核算，共同承担风险，同时保持农业活动的独立性以及使有关的经济活动尽可能多地获得利润的组织"。美国的农业合作社则是农业劳动者的集体组织，其成员必须与农事活动紧密相关。按1922年的《卡帕—沃尔斯坦德法》规定，凡从事于农产品生产的农场主、种植业主、牧场主、奶农、坚果或水果生产者，皆有资格成为农业合作社的社员。

我国于2007年7月1日正式施行的《中华人民共和国农民专业合作社法》第2条规定："农民专业合作社是在农村家庭承包经营基础上，同类农产品的生产经营者或者同类农业生产经营服务的提供者、利用者，自愿联合、民主管理的互助性经济组织。农民专业合作社以其成员为主要服务对象，提供农业生产资料的购买，农产品的销售、加工、运输、贮藏以及与农业生产经营有关的技术、信息等服务"。由于这部法律的调整范围仅限于农民专业合作社，因此无法得出农业合作社的总体定义。

但是，从对专业合作社的定义中可以得出，至少我国法律承认合作社是某种经营或服务的提供者和利用者的联合，强调自愿性，强调民主管理，强调互助，强调自我服务，并认为是一种经济组织。

通过上述合作社法律概念的比较，可以看出，各国合作社法对合作社的表述各有不同，但基本上维护并体现了合作社组织的一些共同特性，这也是合作社概念具有世界性的原因。不过从这些法律定义中我们也可以发现一些差异。例如越南法律认为合作社具有促进国家社会经济发展的目的，这是社会主义国家对合作社经常存在的一种认识，这种认识如果在实践中被加以强化，往往会喧宾夺主，导致合作社的保护弱势群体作用的虚化，使其成为政府的附庸；我国立法明确提出合作社是经济组织，这与当前我国农业合作社的发展现状吻合，也契合大部分学者的看法。关于合作社，我国学者多是从其经济属性或组织形态进行定义。如有人认为“合作社是一种特殊的经济组织形式”，“合作社是由社员组织成立的一种经济组织”；有的认为合作社是“广大劳动者为了共同利益，依据合作社原则、章程和法规建立和联合起来共同经营的合作经济组织”；有的将合作社定义为合作经济。《中华人民共和国农民专业合作社法》（简称《农民专业合作社法》，全书同）在起草阶段的名称即为《农民专业合作经济组织法》，可见我国普遍认同合作社是经济组织。诚然，合作社首先必然是一个经济组织，主要的目的也是为了谋求成员的经济利益。但是合作社还有更为深远的功用，它对于社员的精神利益，对合作社所在社区的建设亦起到极大的作用，将其限定在经济组织实属大材小用。

以上这些差异体现了各国对合作社的不同认识，这些不完全相同的认识源于各国合作社发展的不同历史，也促成了各国政府对合作社不同的扶持措施，从而导致了各国不同合作社发展面貌。由于各国对合作社的认识不尽相同，法律对合作社的定义也各有侧重，为了统一对合作社的认识，国际合作社联盟（International Cooperative Alliance，简称 ICA）1995 年代表大会通过的《关于合作社界定的声明》（Statement on the Cooperative Identity）将合作社定义为："合作社是自愿联合起来的人们通过共同所有与民主管理的组织以实现其共同的经济、社会与文化目标及需求的自治联合体"。这是一个关于合作社的国际标准概念，表明国际合作社联盟试图容纳各种环境下各种类型合作社的努力。联合国大会 2001 年批准的《旨在为合作社创造发展环境的准则草案》(合作社立法的指导原则）要求使用国际合作社联盟使用的合作社定义。《关于合作社界定的声明》关于合作社定义、合作社价值和合作社原则的内容，得到了 2002 年 6 月 20 日第九十届国际劳工组织（ILO）大会通过的《合作社促进建议书》（Promotion of Cooperatives Recommendation，2002）的认可。该《建议书》在国际劳工组织大会上获得了 175 个成员国的全面确认和通过，这表明，上述合作社的定义取得了国际社会的共同认同。中国是国际合作社联盟的成员，对该定义也是完全认可的。

第二节　合作社的分类

因分类的标准不同，合作社所分类型也不尽一致，国际合作社联盟对合作社的分类往往以业务、职责或组成分子为标准，各国也有自己的分类方法。这些分类方法各有各的特点，也各有自身的缺陷。综合国内外关于合作社分类的常用标准如下。

一、以生产、再生产环节为标准，按照功能划分

1. 生产合作社

即从事种植、采集、养殖、渔猎、牧养、加工、建筑等生产活动的各类合作社。如农业生产合作社、手工业生产合作社、

建筑合作社等。

2. 流通合作社

即从事推销、购买、运输等流通领域服务业务的合作社。如供销合作社、运输合作社、消费合作社、购买合作社等。

（1）消费合作社。消费合作社是指由消费者共同出资组成，主要通过经营生活消费品为社员自身服务的合作组织。消费领域的合作社是合作社运动最先涉及的领域，世界上第一个成功的合作社——罗虚代尔公平先锋社，即属于消费性质的合作社。

（2）供销合作社。供销合作社是指购进各种生产资料出售给社员，以满足其生产上各种需要的合作社，是当前世界上较为流行的一种合作组织。在美国，全部出口农产品的大约70%都是由农产品销售合作社经办的。

3. 信用合作社

即接受社员存款，贷款给社员的合作社，如农村信用合作社等，这种合作社属于金融领域。

4. 服务合作社

即通过各种劳务、服务等方式，提供给社员生产生活一定便利条件的合作社。如租赁合作社、劳务合作社、医疗合作社、保险合作社、利用合作社等。

（1）保险合作社。保险合作社是指个体劳动者、业主、职工联合起来，按照保险法的规定，采取互助方式，以社员为保险对象而经营保险事业的合作社。这种保险组织，由社员交纳保险费，社员自己经营与管理，共同负担灾害损失，维护社员的自身利益。

（2）利用合作社。利用合作社是由合作社置办各种与生产有关的公共设备或生产资料，以供社员分别使用的一种合作社。目前，在世界各国比较普遍的利用合作社有：农业机械利用合作社、种畜利用合作社（利用良种、繁殖家畜）、电气利用合作社、仓库利用合作社、水利利用合作社、土地利用合作社等。

(3) 医疗合作社。医疗合作社是公用合作社的一种形式。通过置办医疗设备，聘请医务人员，对社会提供医疗保健服务的合作社。由于服务的范围不同，具体形式也有区别：有的创设独立的医院，有的只设简单的诊所，有的只设为社员提供廉价药品的药房。我国农村存在的医疗合作及养老保险合作社即属此类。这类合作社属于社会保障领域。

(4) 公用合作社。公用合作社是置办各种与日常生活有关的设备以供社员使用的合作社。它与消费合作社不同的是，它所置办的设备为合作社所有，仅供社员使用，非向社员出售；它与利用合作社不同，它所置办的设备为生活所需，而非为生产所需。公用合作社的业务种类很多，比较普遍的有食堂、理发店、浴池、洗衣、托儿所、图书馆、茶馆、剧场等。

(5) 劳务合作社。劳务合作社是由合作社承包业务，社员使用集体或个人所有的劳动工具并提供劳动力，共同进行劳动的合作社。社员除得到应得工资外，对年终盈余，有权再按社员提供的劳务参与分配。劳务合作社经营的业务，大多属于劳动工具比较简单、工作时间相对较短而工作场所分散或易变的各种劳务，如建筑、运输、装卸、修理、采伐等方面的工作。

二、以合作社的经营范围为依据分类

以合作社的经营范围为依据，可分为综合型合作社与专业型合作社。

1. 综合型合作社

综合型合作社一般指按一定经济或行政区域设立的合作社，它为社员提供产品购销、信用保险和医疗养老等综合服务。其代表是韩国农协和日本农协。目前，我国综合型合作社刚刚起步，相关组织与经营制度尚处于探索阶段。从分布区域来看，综合型合作社主要集中于经济发达地区。

2. 专业型合作社

专业型合作社一般指为专项事业设立的合作社。根据我国《农民专业合作社法》第二条规定，“农民专业合作社是在农村家庭承包经营基础上，同类农产品的生产经营者或者同类农业生产经营服务的提供者、利用者，自愿联合、民主管理的互助性经济组织。农民专业合作社以其成员为主要服务对象，提供农业生产资料的购买，农产品的销售、加工、运输、贮藏以及与农业生产经营有关的技术、信息等服务”。

三、以合作社的纵向层次分类

以合作社纵向层次为标准，合作社可分为四个层次。

1. 国际合作社联盟

国际合作社联盟是一个国际性的合作联合组织，是一个非官方的国际组织，1895 年在英国伦敦成立，现总部设在瑞士的日内瓦。目前，国际合作社联盟有 77 个成员国，194 个全国和地区的合作社，8 个国际合作社组织参加。拥有 70 万个基层合作社，5 亿多社员（占全世界人口的 1/10）。其主要成员是各国合作运动的全国合作社联社、合作社联社的全国协会、设有全国性组织的地区性合作社联社组织。一些国际性合作社组织也加入了国际合作社联盟。国际合作社联盟的宗旨是向全世界宣传合作思想和合作社的原则与方法，推动各国合作社事业的发展，保护各种形式合作社的利益，保持各成员国组织间的友好关系，促进各种形式的合作社间的经济交流，帮助和促进各国人民的经济与社会的进步发展，致力于建立持久的和平与安全。

2. 全国总社（有的国家称为“中央联社”）

即一个国家的总社（或称“联合社”），如中华全国供销合作总社、日本的全国农业协同经济组织联合会（简称“全农”）、韩国的全国农业协同组合中央会等。

3. 地方联社

指地方一级所建立的联合社，如省（自治区、直辖市）合作社、县联社等。

4. 基层合作社

包括以村为单位所组建的社区性合作社，农民在自愿的基础上按合作制原则组建起来的专业合作社、综合服务社及其他合作经济组织。

第三节 合作社与其他相关经济组织形态的比较研究

合作社所拥有的特质应当从合作社与其他社团经济组织的差异性中去寻找。作为不同的制度类型，合作社与其他社团经济组织具有各自的本质特征和要求，有不同的适用条件、发展轨迹和作用机理，并且它们之间还存在着一些联系与转化。要推动合作社健康发展，需要澄清合作社与其他经济形式的区别，从与其他组织制度的差异中揭示合作社的法律特性。同时，我国在发展合作社组织的过程中出现了很多混乱的情形。众多的农村经济组织，有的冠以合作社的名称，有的冠以农民协会或农民专业协会的名称，也有的冠以公司、公司+农户或股份合作经济组织的名称。这些组织不仅名称不统一，而且即使在同一名称下，其制度内涵也存在异质性，给农村合作社的健康发展带来了不利影响。另外，在现实生活中，形形色色的公司、企业、社团也自称是合作社，要来分享国家的扶持政策和资金补助，而事实上并不符合合作社的条件，制度内涵也往往有很大差异，产生了较大的混乱，使得人们难以将合作社与其他性质的企业组织和民间组织加以明确区分。为了规范合作社的发展，将国家的政策和资金用到真正的弱者联合的合作社身上，以发挥更大的效用，有必要厘清合作社与其他经济组织的关系，剔除那些假合作社，禁止其使用合作社的名称。同时明确不同经济组织的法律地位和功能，对其他性质的农村经济组织的发展也有重大的意义。

一、合作社与公司

在各类市场主体中，合作社和公司具有较多相似的地方。比如二者都从事生产经营活动；均具有法人资格，股东对公司或者成员对合作社均只承担有限责任；二者有相似的权力机构、执行机构、监督机构和经营管理者等相互制衡的组织机构。但是，二者的区别也是明显的，主要体现在以下几个方面。

（一）二者的设立目的以及价值取向不同

设立公司的目的在于为股东盈利，而股东入股的目的是为赚取最大的投资利润，以谋求资本利润最大化为目的，一般不考虑服务股东问题。因此公司是纯营利性组织，是典型的以盈利为目的的社团法人。而合作社则是一种非典型的盈利法人，其“对内服务、对外盈利”的宗旨表明其本质上是所有者和使用者的统一，是一种互助性的经济组织。设立合作社的主要目的不在于为社员盈利，而在于为社员提供服务。但是，非营利性并不等于不从事任何营利性活动，相反，农业合作社对外仍是经营组织，并且以获取最大盈利为目的。合作社作为一种商事组织，其营业活动与其他商事组织别无二致，在与非社员进行交易时也必须追求交易价值最大化，即使是与社员交易也必须按市场价格进行，此时，作为交易主体的农业合作社与公司没有差别，都要遵守市场交易法则。然而，这种盈利不是农业合作社的最终目的，利润对合作来说不是目的，而是手段，即为了使合作社保持活力，更好地为社员的利益服务。

（二）二者的产权制度不同

合作社与公司都是联合体，但联合的主体不同。公司制企业是由资本所有者为追求更多的利润而形成的经济联合体，它追求资本利益的最大化，以资本联合为基础，具有典型的资合性。而合作社一般来说是以劳动联合为主，资本联合为辅，具有人合性特征，因而坚持按交易额分配、资本报酬有限的原则。资合性决定了公司要坚持资本维持原则，公司法不允许股东在公司成立后抽回出资，但不受人合的约束，可以向其他人转让公司的股份。合作社因为人合的特征，实行“退社自由”的原则，但却不能像公司股东转让股份那样将出资额和成员资格任意转让给他人。

（三）二者的内部治理结构及运行规则不同

虽然这两种组织体在组织结构方式上都由最高权力机关和日常经营管理机关组成，然而，由于公司制企业是以资本为纽带联合起来的，其最高权力机关是股东大会，实行“一股一票”的管理决策。合作社组织贯彻的是劳动控制原则，其最高权力机关是社员大会，实行“一人一票”的决策机制。虽然有的合作社也作为一种例外性的规定引入资本权利，规定出资额或与本社交易量较大的成员可以享有附加表决权，但是这种附加表决权在整个表决权中通常占很小的分量，不能改变合作社一人一票民主管理的基本特征。

（四）二者的成员身份不同

公司制企业的所有者与使用企业产品或服务的消费者身份是不统一的，组织成员一般仅为股东。而在合作社中，社员既是合作社的所有者，又是合作社服务的提供者和享有者，两者互相吻合，组织成员身份具有多元性。

（五）二者的利润分配方式不同

由于产权制度的不同，利润分配方式必然有所不同。在公司这个资本的集合体中，体现的是一种资本对劳动的支配关系，由此决定其利润必须按股东的出资比例进行分配。而合作社运行的基础是成员与合作社之间的交易关系，成员出资为这种交易关系服务，因此合作社要奉行社员的惠顾额返还原则和“资本报酬有限”原则。

（六）二者的国家扶持政策不同

对于公司，国家除了尽力提供一个公平竞争和良好服务的外部环境外，一般在政策上无需特殊扶持。而合作社是弱势群体的集合，合作社的建立可以一定程度上缓解市场经济对弱势产业和弱势群体造成的不良压力，因此特别需要国家法律和政策的扶持。

合作社与公司制企业差异的产生原因在于：公司运营中的交易是对外的，而合作社的交易包含对内和对外两个方面，即合作社代表所有成员的利益对外进行交易，同时合作社还与本社成员进行交易。公司制企业与合作社的差异性使得合作社得以成为一个独立的市场主体，区分二者将明确和突出合作社的服务属性，不至于异化成以谋求资本利润最大化的公司制企业，以发挥其弱者联合的作用，也能够避免很多公司制企业借合作社之名骗取国家扶持政策支持。

但是需要注意的是，合作社与公司制企业正在不断地发生融合。合作社在创建之初就在很大程度上借鉴了公司制的组织结构及管理模式，产生于美国的新一代农业合作社更进一步地向公司制靠拢。比如合作社盈利目的的增强，附加表决权的产生等。我国的《农民专业合作社法》也采纳了很多新的做法，但这只是为了更好地服务于合作社的宗旨，不论如何发展，合作社一定不会改变其基本属性和价值取向。

二、合作社与公司+农户

“公司+农户”是在1993年前后，全国出现了农产品“卖难”的情况下，结合农业产业化发展的思路，在山东潍坊、河南信阳等地出现的新思路和新做法。在这种模式中，有一些公司比较好地起到了带动农村经济发展的作用，后来，将其称为“龙头企业”。“公司+农户”不改变联合各方独立的市场主体地位，通过“互惠契约”关系、“出资参股”关系、“市场交易”关系、“租地—雇工经营”关系等方式结合各方权利与义务，形式灵活，适用面广。这种合作模式受到很多追捧，被寄予很高的期望，被认为是一种有利于推进农业产业化、推进农业发展、施惠于农民的新型合作组织。这些“公司+农户”，以及之后又出现的“公司+基地+担保公司+农户”等模式的经济组织，有的即以“合作社”的名义出现。然而仔细研究此种合作模式会发现，“公司+农户”的实质是一些从事农产品加工、贸易的公司或企业，通过签订合同，与农户建立稳定的供销关系，它本质上不属于合作经济。农户与工商资本（龙头企业、公司）在市场上只是处于买卖关系，作为市场上的买卖双方，虽然交易可以是互利的，但各自的利益在本质上是对立的。由于缺乏“二次利润返还”机制，因此在公司和农户之间，缺乏共同的利益基础和长期稳定性。并且，在“公司+农户”模式中，公司（龙头企业）在资金、技术、市场、信息、管理等方面都明显处于优势，公司的力量越强，一旦形成垄断优势哪怕是局部的垄断优势，农户的利益就越容易受损。合同的内容由处于强势一方确定，分散经营的农户常常在合同关系中处于弱势地位，很难享有平等的谈判权，他们的正当权益也经常受到侵犯。因此，在“公司+农户”的农业产业化模式下，农业有可能发展起来，但是未必一定会施惠于农民。结果必然是企业（公司）成为农业产业化中利益分割的主导者，吞噬着农民在产业化过程中应得到的利益，完全违背了合作社的本质属性。

当然“公司+农户”是一种市场现实，也有很多存在的合理性，本身无可厚非。但是政府部门不加区别地对其进行扶持和鼓励，只会让公司“赚了农民的钱”，而非“让农民赚钱”。比如北京市人民政府农林办公室、北京市财政局出台的《关于扶持和鼓励发展农民专业合作经济组织的意见》京政农发〔1999〕006号文件，把专业化农民合作经济组织划分为出资型、契约型、会员制3种类型，其中“公司+农户”就属于契约型合作组织。文件提出：对契约型合作组织，凡带农户100户以上，与农户签订购销合同、实行保护价收购的农产品加工企业和贸易组织，择优给予奖励。同时各级政府部门对农民合作经济组织的发展要积极引导和扶持，对农民经济组织在工商注册、税收登记等有关手续方面要提供方便。在水电、土地等基础设施方面，应给予倾斜和扶持，为合作组织发展创造一个良好的外部环境。此文件中对“公司+农户”的各种优惠与补助等好处最后一定只会落到公司头上，与农民无干。除此还有一些实际上的“公司+农户”假借合作社的名义，骗取国家的政策和资金扶持就更需要警惕了。

三、合作社与合伙

合伙制与合作制都是劳动者个人之间的自愿联合、共同出资、共同经营、共同劳动，最后分享利润的约定共营经济，颇为相似。但是二者在人格形态、财产权性质以及投资者的责任等方面却存在着本质的不同。

（一）法律人格不同

合伙制主要依靠人与人之间的契约为基础，是一个松散型的联合体。我国《民法通则》对“公民合伙”仅承认为一种经济组织，即便是可以取得营业执照的合伙企业，由于其结合体各成员的个性更加显著，因此并非为社团法人范畴，不允许取得法人资格。而合作社是以社员大会通过的章程为依据成立，结合体的团体性突出，独立于各成员，因此具有独立的法人资格。

（二）财产性质不同

合伙企业的财产属于合伙人共同所有，合伙人的出资具有灵活性和相对独立性。合作社的财产具有法人财产性质，属于法人所有，由该组织使用管理，只有依法分配后的财产才可以归到社员名下。

（三）责任形式不同

合伙制企业不具有法人资格，每一个合伙人都对合伙企业的全部外债承担无限连带责任。合作制组织的参加者是合作社社员，由于合作社被赋予法律上的独立人格，其社员对合作社承担有限责任，当合作社出现资不抵债时，社员一般仅以其出资额为限度承担责任。

（四）管理制度不同

合伙成员对于合伙事务享有平等的管理权，合伙成员对外都具有同等的代表权。而合作社中，合作社的机关（而非成员）才能够对外代表合作社。

（五）利润分配方式不同

合伙成员以他们向合伙的投入比例分配，而合作社成员的分配一般按照成员与合作社的交易额进行分配。

（六）加入与退出的规定不同

合伙制企业是根据合伙人之间的契约建立的，每当有一位合伙人要退出或者接纳另一位新合伙人时，都意味着原合伙关系的解体，须重新订立合伙合同，重新做出法律上的登记，合伙企业的存亡取决于任何一个合伙人的去留。合作社依据合作社章程存在，某一社员退社，不会引起合作社的解体，不因某一社员的加入或退出而影响组织体的存亡。

合作社与合伙组织及公司差异的产生原因在于：合伙组织成员之间的关系依靠契约联结，相对松散。而合作社虽然也是人合组织，但却对外形成一个具有独立责任能力的团体，导致了两者的重大差异，因此合作社本质上不可能是合伙组织。

四、合作社与行业协会

在近几年我国发展农村经济组织，促进农民组织化的过程中，大量地涌现出一些以“农民专业技术协会”或“农产品行业协会”命名的农民组织。最早的农民专业技术协会是在1980年前后出现的安徽天长县的“农民科学种田技术协会”以及四川郫县的“养蜂协会”。这些专业协会形式多样，为农民提供的服务各不相同，其经济的联结纽带也多种多样。从几个农民之间进行不定期的技术和经验交流，到为数千甚至上万个会员提供技术、信息、购销服务；从农民自己组建的较为规范的协会，到有众多政府职能部门、各类企业加盟的社会化服务组织的联合，都可以以“协会”这一称谓而存在。与此同时，广大的农村大地上还存在着股份合作制企业、合作社等不同形式和名称的农民组织，这些组织在组成方式、管理模式、功能作用上与专业协会存在着重合和交叉。正是由于对不同类型的农民组织的各自的性质与职能没有明确的界定，在名称的使用上也就具有极大的随意性。事实上，这些农民组织中有的是合作社，有的是行业协会，这两者都是推进农业产业化的重要组织形式，是处于弱势地位的农民为了增强市场竞争优势通过自我联合而协同进入市场的组织，但却是两个不同性质的经济组织形式，存在着本质上的差别，不可混同。

1993年农业部在向国务院呈交的《关于支持农民专业协会发展建议的报告》中，对农民专业协会所作如此定义：“是指由农民自愿自发组织起来的，以发展商品经济为目的，以农户经营为基础，实行资金、技术、生产、供销等互助和多项合作的新兴民间性经济组织”。显然，该定义符合合作社的各个主要特征。可以看出，当时的政府部门也将协会与合作社进行了混同，名义上是专业协会，实质上发展的是合作社。当然这种情况的发生并不见得是专家学者们完全不清楚两者的区别，恐怕是当时的时局与历史的影响，无法使用合作社这一称呼，而借用了协会这一名称。时至今日，《农民专业合作社法》已经出台，合作社的概念已经清晰，有必要对协会和合作社进行明确的界分。一方面为合作社正名，更重要的是还原农业行业协会的本来面目，发挥其应有的作用。

这里有必要说明的是，事实上在我国农村存在着两种农业协会，一种是农民专业技术协会，一种是农产品行业协会。农民专业技术协会的主要功能是开展供种供肥、技术推广、标准化生产和销售中介等服务，本质属于合作社，应该向农民专业合作社发展。农产品行业协会，主要由从事同一农产品加工、流通、推广、生产、科研等的企事业单位发起，为推进行业整体发展，谋求行业共同利益，而将与这一产业相关的组织自愿组织起来的非营利性社团合作组织。其主要功能是行业整合、行业服务、行业自律、行业维权。这一种“协会”是需要与合作社进行区分并需要大力发展的。

两者的区别主要体现在以下 4 个方面。

（一）性质不同

农产品行业协会是行业协会的一种，是非营利组织，在性质上属于纯粹的公益性质的社会团体组织，而不是一个从事部分经营活动的经济组织。协会一词在汉语中一般指从事相同的生产经营活动的主体或自由职业人员自愿建立起来的不以营利为目的的社会团体，如建筑业协会、企业家协会、律师协会、注册会计师协会等。而合作社对外是经营实体，追求一定的经济利益，因而合作社不是社会团体法人。

（二）地位与身份不同

合作社的宗旨是为社员提供有关生产经营的互助互利服务，以改变市场竞争中的弱势地位，是作为一个沟通成员与第三方交易的中介身份而出现的。农产品行业协会的宗旨是通过协调和自律维护行业的整体利益继而维护成员的利益。在维护成员的利益方面协会与合作社有相似的地方，并且在一些具体职能方面也有可能发生重合，但是协会并不与成员发生交易活动，不是作为一个交易主体的身份出现的。

（三）代表的利益不同

农业合作社仅代表本社社员的利益，而农产品行业协会则代表整个行业的利益。

（四）承担的职能不同

行业协会的职能包括通过专业科学技术的研究和交流，促进农产品产量和品质的提高；通过制定同业技术标准，传播同业信息，交流同业经验，规范同业行为；作为桥梁代表同业农民与政府进行沟通、联系，代表同业农民参与国际合作和国际竞争，维护本行业农民的利益。另外农产品行业协会一般也可接受政府委托，代行一部分管理职能。合作社的功能就远没有如此丰富，合作社也有农民联合对外抗争的功用，但其主要的功能还是直接通过经营行为为农民提供经济上的利益，同时合作社不承担政府委托的管理职能。

综上，合作社与农产品行业协会在性质、地位、职能上都存在着本质的不同。在西方成熟的市场经济体系中，市场主体（包括合作社）、行业协会与政府三方构成了一个较为稳定的结构。市场主体自身的问题自己解决，市场主体之间、与社会、与政府的关系通过协会来协调解决。反之，政府也通过协会加强对市场主体的引导与管理。三方良性互动确保了社会经济的健康稳定运行。由此可见，协会的主要功能是调节主体之间、主体与社会、主体与政府之间关系的，它无法代替农民成为经济实体性的市场主体。现在合作社已经有了明确的法律界定，根据法律的规定可以将原有的名目繁多的具备合作社之实的经济组织进行规范。从事营利性经营活动的协会组织应按《合作社法》进行规范，要么退出经营活动，回归协会的属性，如要继续从事营利性经营活动，就需要到工商机关登记为合作社。

行业协会与合作社在组织农民进入市场方面通过各自不同的方式发挥着不同的作用，二者不可偏废，在大力发展合作社的同时同样不能忽视对行业协会的建设。作为行业规范与发展的护航员，农产品行业协会在中国亟待发展。观察现有的将合作社分离出去的农产品行业协会，可以发现在我国虽然已有近20年的发展历史，但建成并发挥作用的数目很少。特别是这些协会都建在农村，没有县、市协会，更无省和中央一级协会。在中央一级产业协会中，带中国字头的工业行业协会有上百个，而农业产业协会一个也没有。农业产业协会的基础在农村，县、市、省以至中央都可根据情况建立各级专业的农业产业协会。与此同时，还可借鉴工业经济联合会的经验，在县、市、省和中央建立各级农业产业协会联合会。

五、合作社与集体经济组织

尽管农村集体经济组织这一名称，在很多法律法规中都出现过，但在国家立法上却没有明确的定义，仅在一些地方性立法以及教材或学术著作中有所体现。比如《吉林省农村集体经济组织承包合同条例》（1992年5月10日吉林省第七届人民代表大会常务委员会第二十八次会议通过）第二条规定：“本条例所称农村集体经济组织（以下简称集体经济组织）是指由农民以生产资料集体所有的形式组成的村、社（组）级经济组织”。其他很多地方立法都有类似规定。另外，很多学术解释一般称集体所有制经济是生产资料归部分劳动群众共同占有的一种公有制形式，以此公有制为基础形成的村一级别的经济组织就被称为村集体经济组织。关于合作社与集体经济组织的关系，学术界存在不同的观点。代表性的观点有3种：一是合作社是集体经济组织；二是合作社中有集体经济的成分；三是合作社与集体经济组织是二种不同的经济组织。之所以出现如此多而大的分歧，关键在于对合作制（经济）和集体制（经济）这二种经济制度极易混淆，但实存重大区别的制度的理解出现了问题。对于此理解的偏差与混乱，首先源于我国宪法的不明确表达。

我国1982年《中华人民共和国宪法》（以下简称《宪法》）第8条规定："农村人民公社、农业生产合作社和其他生产、供销、信用、消费等各种形式的合作经济，是社会主义劳动群众集体所有制经济"。1993年《宪法修正案》将该条改为："农村中的家庭联产承包为主的责任制和生产、供销、信用、消费等各种形式的合作经济，是社会主义劳动群众集体所有制经济"。1999年《宪法修正案》又将该条修改为："农村集体经济组织实行家庭承包经营为基础、统分结合的双层经营体制。农村中的生产、供销、信用、消费等各种形式的合作经济，是社会主义劳动群众集体所有制经济"。因此根据《宪法》规定，似乎可以认为，合作经济与集体经济不过是同一事物的二个方面。从组织形式上说称作合作经济，从所有制上说称作集体经济。但这种理解是对宪法的一种误读。我国历年宪法在合作经济与集体经济这个问题上，并没有做很严格的法律界定，只是将中国法律上有特定内涵的"集体所有制经济"替代了没有明确定义的"合作经济"。从宪法的表意上来看，并没有提到现代意义上的合作经济（作为组成及运行方式意义上的），仅仅是借用了"合作"这个词语来表示集体所有制经济，一定程度上还是延续了新中国成立初期的理解和界定，即将集体所有制经济形态下的合作社看作是农业社会主义改造，向更高级的全民所有制过渡的一个初级阶段。这里的合作社与本书提到的真正意义上的合作社是完全不同的二个概念。

直到2002年，我国修订的《中华人民共和国农业法》（以下简称《农业法》）第2条明确指出："本法所称农业生产经营组织，是指农村集体经济组织、农民专业合作经济组织、农业企业和其他从事农业生产经营的组织”。由此，我国在立法上第一次将合作社（尽管还是使用合作经济组织的名称）与农村集体经济组织作为两种组织形式区别开来，将其视为并列关系，表明已经开始意识到真正意义上的合作社的含义。该法第11条中又规定：“国家鼓励农民在家庭承包经营的基础上自愿组成各类专业合作经济组织……农民专业合作经济组织可以有多种形式，依法成立、依法登记”。这样在我国《农业法》中首先就确立了合作社的独立地位，已经在立法的层面上明确它与集体经济组织和农村企业是完全不同的经济组织。

我国现实存在的集体经济组织与合作社，主要有以下几点区别。

（一）二者所依托的经济类型依据的是不同的分类标准

集体经济主要是依据所有制形式而界定的，它是指生产资料和经营性财产归集体所有，是一种具有排他性的共同所有制形态。按这一标准划分的组织还有国有经济、私有经济等，集体经济组织是公有制的一种组织形式；合作经济主要是依据组成及运行方式而界定的，按这一标准划分的组织还有公司制、合伙制等，合作社是合作制的一种组织体，并非特定的所有制形式。

（二）二者产生的背景、设立的价值目标不同

集体经济组织是社会主义公有制条件下行政强制命令的产物，是计划经济的产物，是为政治目标服务的工具。而合作社是自由资本主义时期市民阶层自发组织的产物，是市场竞争中弱势群体的自愿联合，是维护其共同权益的独立的、自助的组织。世界各国组建合作社的价值目标都在于追求通过互助合作，实现自我服务，改善不利的处境。

（三）财产权利不同

集体经济组织不承认个人对集体财产的个别权利，强调的

是财产的集体所有，忽视成员的私人财产权或份额，取消和否定集体中个人的财产权利。而合作社是社员联合所有的组织，以承认入社社员的私人财产权或份额为前提。它由社员出资，并将其资本置于社员控制之下，社员对合作社的股份所有权受法律保护，承认个人资产及其收益权。“有恒产者有恒心”，合作社的产权明晰形成了对社员和合作社的双重激励，而集体公有产权因产权不明晰而带来的分配不合理，常常由此产生激励不足的问题。

（四）决策机制不同

集体经济组织内部治理结构不规范，事实上往往是少数人说了算。加之集体经济组织往往与村委会有着某种管理上的关系，甚至合二为一，因此渲染了行政控制因素，并常常较多地受政府等外部控制，内部缺乏民主性，外部丧失独立性。而合作社是自愿联合起来的人们的自治联合体，社员拥有民主选举、民主管理、民主决策和民主监督的权利，借鉴现代公司治理结构进行组织制度设计，以保证社员民主的充分实现。

（五）退出机制不同

集体经济组织具有整体性和封闭性，成员资格是与生俱来的，村民是农村集体经济组织的当然成员，没有退出机制（除非全家迁入城市落户），而非农民的其他公民也无法加入本集体经济组织。合作制具有开放性，加入自愿，退出自由，其组织体也依市场法则有生有灭。国际合作社联盟在1995年通过的《关于合作社界定的声明》中将自愿和开放原则（Volunteered Open Membership）作为第一条原则。

由以上分析可以看出，我国传统的集体经济组织与合作社有着本质的区别。混淆二者的概念，会对合作社的发展造成不利的影响，而及时地厘清二者的区别，对于合作社概念的深入人心，推进合作社事业的发展具有至关重要的意义。然而，区别二者并非意味着两者必然永远泾渭分明，井水不犯河水。传统的农村集体经济组织已经暴露出很多弊端，改革势在必行，而且已经在很多地方开始了探索。党的“十七大”报告提出的“要探索集体经济有效实现形式”，为这种改革和探索提供了有力的支持。这些改革中，将传统的集体经济组织进行合作社改造，是非常重要的一种方式。用合作社的组织形式改造村集体经济组织，改变传统集体经济组织的弊端，最终用社区合作社取代集体经济组织，将是未来的发展方向。对此本书将专章分析。

综上比较分析可以看出，无论与哪一种经济组织进行比较考察，合作社的特性都是明显的，而这种特性的集中点就在于合作社的合作原则上。合作社坚持着社员所有（而不是资本所有）、为社员服务（而不是追求盈利）、社员自治（而不是管理层“独裁”）的本质特征。当然，合作社的合作原则在其发展过程中也会存在制度嬗变的趋向，也开始更多注重盈利，逐渐向市场化方向发展，更多地借鉴公司治理的方式方法。但是民主管理、按交易额返还盈余以及资本报酬有限仍然是合作原则的核心，是合作社得以生存和发展的制度动力。

第四节　中华人民共和国农民专业合作社法

2017 年 12 月 27 日，第十三届全国人民代表大会常务委员会第三十一次会议审议通过了修订后的《中华人民共和国农民专业合作社法》，于 2018 年 7 月 1 日起施行。修订后的法律，强调农民专业合作社享有与其他市场主体平等的法律地位，允许以土地承包经营权等非货币资产作价出资，丰富了农民专业合作社的服务类型，确立了联合社的法人地位，它的顺利实施必将有利于维护农民专业合作社及其成员利益，引导和促进农民专业合作社的规范发展、联合发展、多元化发展，更好地促进小农户和现代农业发展的有机衔接，实现农业增效、农民增收、农村发展。

与现行法律相比，新修订的《中华人民共和国农民专业合作社法》主要补充和修改了以下内容。

一、规范农民专业合作社的组织和行为

新法规定："农民专业合作社应当按照国家有关规定，向登记机关报送年度报告，并向社会公示""农民专业合作社连续两年未从事经营活动的，吊销其营业执照""农民专业合作社成员不遵守农民专业合作社的章程、成员大会或者成员代表大会的决议，或者严重危害其他成员及农民专业合作社利益的，可以予以除名。"

二、拓宽农民专业合作社业务范围和合作领域

一是修改后的农民专业合作社法不再局限于"同类"农产品或者"同类"农业生产经营服务的范围，允许不同农产品的生产者或者不同的农业生产经营服务的提供者、利用者自愿联合成立农民专业合作社；二是扩大农民专业合作社业务范围，新增了"农村民间工艺及制品、休闲农业和乡村旅游资源的开发经营"；三是明确了成员出资形式，新增了"农民专业合作社成员可以用货币出资，也可以用实物、知识产权、土地经营权、林权等可以用货币估价并可以依法转让的非货币财产，以及章程规定的其他方式作价出资。"

三、保障农民专业合作社平等的法律地位

修改后的农民专业合作社法注重了对农民专业合作社平等权利的保护，规定："国家保障农民专业合作社享有与其他市场主体平等的法律地位""农民专业合作社可以依法向公司等企业投资，以其出资额为限对所投资企业承担责任"。

四、确立农民专业合作社联合社法人地位

明确了农民专业合作社联合社的成员资格、注册登记、组织机构、盈余分配及其他相关问题。新法规定："三个以上的农民专业合作社在自愿的基础上可以出资设立农民专业合作社联合社""农民专业合作社联合社依法登记取得法人资格，领取营业执照，登记类型为农民专业合作社联合社""农民专业合作社联合社的成员大会选举和表决，实行一社一票"。

第二章　农民专业合作社社员

社员既是合作社的主体，也是合作社的细胞。因此，农民合作社理论研究必须从分析社员入手。

第一节　农民专业合作社社员资格

一、社员资格的意义

资格，是指从事某种活动所应具备的条件、身份等。与股份公司股东不同，要成为合作社的社员，就必须具备一定的资格。这是因为，如前所述，社员既是合作社财产的所有者，又是合作社事业的利用者。社员的经济参与决定合作社的存在和发展。这一社员的所有者和利用者的同一性，要求加入合作社须具备一定的资格。农民合作社社员资格主要与农业产权密切相关。

二、社员资格：农村土地承包经营权

在任何国家，土地是农民的命根子，是农民财产性收入的重要来源。按照产权经济学观点，土地家庭承包经营权至少包括对承包土地的使用权、受益权、有偿转让权等。因此，土地家庭承包经营权是加入农民合作社的最基本的资格。除此之外的其他资格，可由农民合作社章程规定。

另外，按照法律规定，从事与农民合作社业务直接有关的企、事业单位或社会团体，便于利用农民合作社事业，承认并

遵守农民合作社章程，履行章程规定入社手续的，可以成为农民合作社社员。这就是说，法人亦可以一定资格加入农民合作社。

这里需要探讨的是，土地家庭承包经营权是否限定于本村集体的农民？据资料，浙江省一位种田能手主动到黑龙江省农村承包大片农地，发展适度规模的农业生产。笔者认为，这一做法有利于盘活集体所有制的农地资源，有利于土地流转集中到种田能手手中，应得到鼓励。

第二节　农民专业合作社社员加入、退出和除名

一、农民专业合作社社员加入

加入，是指合作社成立后新社员的加入，不包括作为合作社设立发起人的加入。

凡具备合作社章程规定资格的，都可以自愿申请加入合作社。合作社无正当理由不得予以拒绝。并且，合作社不得对新社员附加不利条件，如限制利用合作社事业等。

加入有两种方式：一般加入和特殊加入。

一般加入，是指不是继承老社员的权利和义务，而是原始地取得社员资格的加入。其程序为：欲加入者首先向合作社提出加入申请，合作社理事会审查入社资格。若通过审查，则按章程规定缴纳股金，即加入。

特殊加入，是指接受或继承老社员的权利和义务而取得社员资格的加入。

特殊加入又细分为接受股金式加入和继承股金式加入。接受股金式加入，是指非社员接受社员转让的股金而取得社员资格的加入。该人取得社员资格的时间，以合作社同意转让该股金之日期为准。继承股金式加入，是指非社员继承已故社员的

权利和义务而取得社员资格的加入。若共同继承，限定于由共同继承人指定的一人。该人取得社员资格的时间，以合作社同意该人加入之日期为准。继承股金式加入不适用于合作社联合社，因为联合社一般以法人为成员。

二、农民专业合作社社员退出

退出，是指社员在合作社存续期间脱离合作社规定的权利和义务的行为。按社员自愿与否，退出分为自愿退出和法定退出。

自愿退出亦称自由退出，是指社员只将退出事由通知合作社后即可退出。另外，社员将其在合作社的全部股金转让给他人时，即自愿退出。这种形式的退出一般要事先取得合作社的认可，因为股金接受人继承股金转让人的一切权利和义务。

法定退出亦称自然退出，是指社员出现法规或章程规定的退出事由。其退出事由大体如下。

（1）丧失社员资格。这由理事会认定。

（2）社员死亡。

（3）社员破产。

（4）社员受到禁止处分财产的判决。

社员退出后丧失其原有的权利和义务，但一般依章程规定仍具有股金返还请求权利和债务清偿义务。这符合恩格斯讲的不能剥夺农民财产的思想。

一般来说，退出社员的股金返还请求权在一定期限内有效，逾期失效。

在清偿债务之前，退出社员不能得到股金的返还。其债务包括从基层社和联合社的借款、预收款、应付款等。

此外，在计算退出社员的股金返还金额时，若合作社经营发生亏损，并以合作社财产未能清偿债务时，合作社可使退出社员承担一定的亏损。亏损的承担义务在一定期限内有效，逾期失效。

三、农民专业合作社社员除名

除名，是指合作社剥夺社员权利的强制性行为。

一般来说，社员有下列表现之一，合作社予以除名。

（1）长期不利用合作社事业的。

（2）未按期缴纳股金的。

（3）无故不缴纳事业经费的。

（4）有章程规定所禁止的行为的。

在除名之前，合作社须通知该社员，并给他在社员大会上陈述意见的机会。不然，除名决议无效。被除名的社员就其除名决议无表决权。

被除名社员依章程规定尚有股金返还请求权利和债务清偿义务。

第三节　农民专业合作社社员权利、义务和责任

一、农民合作社社员权利

权利，是指社员对合作社具有的各种权力和利益。按权利行使目的，可分为管理权和财产权；按权利行使方法，可分为社员个人权和社员若干人共同权。

（一）管理权

1. 社员个人权

社员个人权主要包括表决权、选举与被选举权、文书查阅权、罢免领导请求权、诉讼权等。

（1）表决权，主要是指社员就合作社经营管理决策提出建议的权利。投票权属于社员行使表决权的一种形式。

（2）选举与被选举权。选举权，是指社员选举合作社领导或社员大会代表的权利。一般来说，选举权不实行代理制。被选举权，是指社员当选为合作社领导或社员大会代表的权利。

（3）文书查阅权。为了参与和监督合作社的运营，社员有权查阅章程、大会记录、理事会记录、社员名册、结算报告书等文书。

（4）罢免领导请求权。因领导腐败而给合作社事业造成损失时，其利害关系社员有权提出罢免该领导的请求。

（5）诉讼权。社员以大会（含设立大会）的召开程序、决议方法、决议内容、领导选举等违反法规或章程为事由有权向法院提出诉讼。

2. 社员若干人共同权

社员若干人共同权主要包括召开大会请求权、大会提案权、进行检查请求权、罢免领导请求权、诉讼权等。

（1）召开大会请求权。经社员若干人同意，有权联名向合作社领导提出召开大会（含代表大会）的请求。

（2）大会提案权。经社员若干人同意，有权联名向合作社领导提出把某事项作为大会事项的议案。

（3）进行检查请求权。经社员若干人同意，有权联名请求上级部门检查合作社的财产或业务执行。

（4）罢免领导请求权。经社员若干人同意，有权联名要求大会罢免不称职的领导。

（5）诉讼权。为了使领导赔偿因违法行为而给合作社造成的经济损失，经社员若干人同意，有权联名请求法院判决该领导赔偿损失。

（二）财产权

财产权主要包括事业利用权、盈余分配权、残余财产分配权等。

(1) 事业利用权。是指社员利用合作社各项事业的权利。这是由合作社本质决定的社员的自然权利。

(2) 盈余分配权。是指社员可要求分配合作社盈余的权利。盈余分配，分为社员股金额分配和社员利用合作社事业额分配。

(3) 残余财产分配权。合作社破产时，社员可依章程规定要求分配合作社残余财产。残余财产的分配，须先清偿债务，然后就剩余进行分配。

二、农民合作社社员义务

义务，是指社员为合作社必须完成的任务。按性质，可分为经济义务和社会义务。

1. 经济义务

经济义务包括出资义务、承担事业经费义务、缴纳罚金义务、负担亏损义务、参与合作社运营义务等。

(1) 出资义务，是指社员必须按章程规定出资。其股金的下限、上限均由章程规定。

(2) 承担事业经费义务，是指社员必须依章程规定承担举办合作社事业所需的经费。其标准由理事会决定。

(3) 缴纳罚金义务，是指因过失而给合作社造成损失时，社员须依章程缴纳罚金。

(4) 负担亏损义务，是指当合作社经营发生亏损时，社员须负担相应的亏损。

(5) 参与合作社运营义务，是指社员必须以“我的合作社”的理念，积极、主动地参与合作社的运营，并尽可能多地利用合作社的各项事业。社员必须做好生产记录，如记录控肥、控药、控添加剂等。

2. 社会义务

社会义务包括维护合作社内部秩序义务和对外宣传义务。

(1) 维护合作社内部秩序义务。合作社是人格的集合体，因此社员必须遵守章程，并以互助、平等、博爱的精神，努力做到“我为万人，万人为我”。

(2) 对外宣传义务。合作社是社会经济弱者的联合体，因此社员必须向他人积极宣传合作社的理念和优越性，以得到社会的必要支援。

三、农民合作社社员责任

社员的法律责任形式主要有两种：有限责任制和无限责任制。各国一般采取有限责任制。按照我国《农民专业合作社法》规定，社员“以其账户内记载的出资额和公积金份额为限对农民专业合作社承担责任”，即有限责任制。

第四节　农民专业合作社准社员

国际合作社联盟章程和发达国家的农民合作社法一般均有准社员的规定。准社员，是指在合作社事业利用方面具有与社员相等权利和义务的自然人和法人。

一、农民合作社准社员制的必要性

为什么我国农民合作社应实行准社员制？有如下理由。

第一，准社员制是由农村居民构成决定的。目前，在我国乡镇区域内，不只有农民居住，还有非农民。随着城乡交流的发展，乡镇区域内非农民的比率将会增大，而这些非农民适合利用日用工业品购买等农民合作社的事业。

第二，准社员制是由农村产业结构的升级决定的。目前的农村经济不单是农业经济，还有二、三次产业经济。随着农村工业化的发展，二、三次产业逐步发展成为农村经济的重要产业。它与农业的关联度越来越大，要求农业提供更多、更好的农产品。这样，准社员制可以使农村二、三次产业带动农业经济不断地发展。

第三，准社员制是由加快小城镇建设决定的。随着乡镇区域居民的“混居化”和农村产业结构的升级，现有乡镇政府所在地必将发展成为中、小城市。准社员制可以开发非农民的人力、物力和财力，加快小城镇建设的步伐。这完全符合国际合作社联盟规定的合作社为其所在社区的可持续发展做出贡献的原则。

二、农民合作社准社员资格、加入和退出

准社员必须是在农民合作社区域内居住或从事与农村关联的二、三次产业，并被合作社理事会认定为适合利用合作社事业的自然人和法人。

欲成为农民合作社准社员的，必须向合作社提出入社书面申请，并在申请通过后依章程规定缴纳加入金。如果说股金是农民取得社员资格的必备条件的话，那么加入金是非农民取得准社员资格的必备条件。

准社员退出合作社适用社员退出的相关规定。

三、农民合作社准社员权利、义务

1. 准社员权利

准社员权利包括：

（1）事业利用权。准社员缴纳加入金和事业经费后可以利用合作社事业。

（2）盈余分配权。准社员可按利用合作社事业的份额要求分配盈余。

（3）加入金返还权。准社员退出合作社时可以要求返还加入金。

2. 准社员义务

准社员义务包括：

（1）缴纳加入金义务。准社员须依章程规定缴纳加入金。这与社员缴纳股金类似。

（2）承担事业经费义务。准社员若要利用合作社事业，就须缴纳事业经费。

（3）缴纳罚金义务。若准社员不履行上述义务或因过失给合作社带来损失，就必须缴纳罚金。

四、农民合作社准社员与社员的差异

准社员与社员的差异主要表现在：

第一，二者入社资格不同。准社员是没有土地承包经营权的非农民个人和法人，而村或小组级合作社社员必须具有土地承包经营权。

第二，二者入社资金不同。准社员缴纳加入金，而社员缴纳股金，并按股分红。

第三，二者权利不同。准社员只有事业利用权、盈余分配权和加入金返还权，而没有参与合作社运营的权力。

第四，二者义务不同。由于准社员不参与合作社的经营，所以没有负担合作社亏损的义务。

第三章　农民专业合作社组织制度

由社员组成合作社。本章研究农民合作社及其联合社、子公司的组织制度。

对于农民专业合作社，我们较熟悉。它是指农民合作社主要从事经济、金融、社会的单项事业，比如谷物合作社、供销合作社、信用合作社、消费合作社等。

一般在北美、西欧等发达国家农村中成立的是各种形式的农民专业合作社。其社会经济基础表现在：

第一，农业生产的专业化。一个农场（户）一般只种植一种农作物或养殖一种畜禽，如玉米农场、养牛场等。

第二，耕地经营的规模化。如美国家庭农场平均耕地经营面积多达 80 公顷，西欧家庭农场平均耕地经营面积也达 40 多公顷。

第三，分工协作的社会化。如农业产前、产中、产后的各种生产经营活动发展成为独立的生产服务行业。

欧美国家的农场（户）主一般加入多个农民专业合作社，而不是只加入一个农民专业合作社。这是因为，只有这样，他们才能维护并提高自身的经济、文化、社会的利益和地位。

第一节　农民专业合作社的目的与设立

一、合作社的目的和手段

农民自发地成立合作社的目的就是：通过合作社，为社员提供资金、技术、流通、信息等服务，发展家庭承包农业的生产力，扩大社员所生产农产品的销售，维护并提高社员的经济、文化、社会利益和地位。

农民专业合作社要达到上述目的，手段就是努力实现“两低一高”。“两低”，是社员通过合作社按低价购买农用生产资料和农村日用品，并按低率得到贷款。“一高”，是社员通过合作社高价出售农产品。假定其他条件不变，由于“两低”，所以农产品成本降低了，从而相应地提高了农产品的销售价，增大了社员的收益。“两低一高”，单个农民根本办不到。所以，除“两低一高”外，任何指标对农民社员都没有经济意义。“两低一高”是评价农民专业合作社的成立是否成功的唯一指标。

二、合作社的设立

农民专业合作社的设立，实行登记制，即欲设立农民专业合作社，必须在国家工商部门登记注册，取得企业法人资格和营业执照。设立农村资金互助社须取得中国银监会颁发的金融许可证。

按照登记制的规定，农民欲设立合作社，须由本地区内具备社员资格的若干人（农民专业合作社 5 人以上，农村资金互助社 10 人以上）为发起人，制定章程，并经设立大会通过，办理登记，即成立。

三、合作社的章程

章程是任何法人都必需的规章制度。

按照法律规定，农民专业合作社章程应当载明下列事项。

（1）名称和住所；

（2）业务范围；

（3）社员资格及入社、退社和除名；

（4）社员的权利和义务；

(5) 组织机构及其产生办法、职权、任期和议事规则；
(6) 社员的出资方式、出资额；
(7) 财务管理和盈余分配、亏损处理；
(8) 章程修改程序；
(9) 解散事由和清算办法；
(10) 公告事项及发布方式；
(11) 需要规定的其他事项。

章程应体现本合作社的个性。

第二节　农民专业合作社的领导与职员

一、合作社领导

合作社领导，是指合作社的理事长、理事和监事。合作社领导由社员大会从本社社员中选举产生，对社员大会负责。领导资格、任期等由章程规定。

合作社领导责任，分为民事责任和刑事责任。民事责任包括领导对合作社的民事责任和对第三者的民事责任。比如，因制作假决算报告而给合作社带来损失时，领导负有连带的赔偿损失的责任。又如，因故意或过失而给第三者造成损失时，领导负有连带的赔偿损失的责任。刑事责任是指领导违反法律时受到相应的法律制裁。

合作社领导职权将在下一章论述。

二、合作社职员

合作社职员是被合作社雇用，不是由社员大会选出的。这是职员与领导的最大区别。合作社雇用职员的目的在于发挥他们的专业特长，提高合作社的经营收益。合作社规模越大，越需要优秀的职员。职员有权建立工会组织，以维护自身利益。

职员不得兼任本社的领导、社员代表，且未经本社许可不得经商。

第三节　农民专业合作社的合并、分立、解散和清算

一、合作社合并

合作社合并，是指两个（含两个）以上合作社依法定程序和契约未经清算合为一个合作社。其意义在于，有利于节约事业经费，有利于取得规模效益。

合作社合并方式分为吸纳合并和成立合并。吸纳合并，是指合并以前的一个合作社继续存在而其他合作社则消失。此时，继续存在的合作社需要修订章程，而消失的合作社则解散。成立合并，是指合并的各合作社均解散而成立一个新的合作社。此时，新成立的合作社需要制定章程。

二、合作社分立

合作社分立，是指一个合作社依法定程序分为两个以上(含两个)合作社。

合作社分立方式分为新生方式和派生方式。新生方式，是指一个合作社分为两个（含两个）以上新的合作社。此时，原合作社解散，而新生合作社需要各自办理设立登记。派生方式，是指由一个合作社派生出一个以上新的合作社。此时，派生出的新合作社需要办理设立登记。

三、合作社解散

合作社解散，是指合作社失去法人资格。解散须经社员大会决议。合作社解散的主要事由有：

（1）发生了章程规定解散的事由。

（2）合作社合并、分立。

（3）政府有关部门取消了合作社的设立认可。

四、合作社清算

合作社清算，是指对解散的合作社财产的处分。合作社合并、分立时没有清算程序。除破产外，财产清算人由合作社社长担任。

合作社清算程序为：清算人首先终结合作社的业务活动，调查财产状况，制定财产处分方案和债务清算方案，制作结算报告，并经社员大会决议。清算结束后，清算人须在主事务所所在地办理清算终结的登记，并通报政府主管行政部门。

上述的农民专业合作社和农民综合合作社，一般都在其内部设置若干个合作小组，以便加强社员与合作社之间的沟通和协作。农民专业合作社规模越大，合作小组的成立越显得必要。

第四章 农民专业合作社管理结构

管理结构，是指一种各负其责、协调运转、有效制衡的现代企业内部管理组织。本章研究农民专业合作社的内部管理与政府对农民专业合作社的保护和监管。

第一节 农民专业合作社社员大会

一、社员大会的意义

社员大会是合作社的最高权力机构，由全体社员组成，见图 4-1。

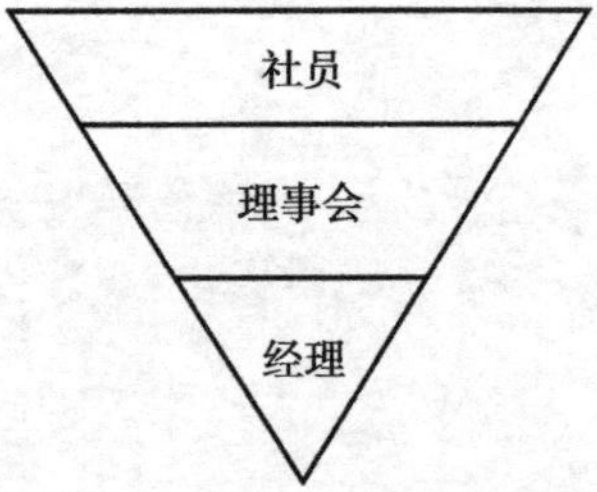

图 4-1 合作社控制

图 4-1 说明，合作社的一切重大问题均由社员大会决定，任何人都不能凌驾于社员大会之上。

二、社员大会的职权

社员大会行使下列职权。

(1) 修改章程。

(2) 选举和罢免理事长、理事、执行监事或监事会成员。

(3) 决定重大财产处置、对外投资、对外担保和生产经营活动中的其他重大事项。

(4) 批准年度业务报告、盈余分配方案和亏损处理方案。

(5) 对合并、分立、解散做出决议。

(6) 决定聘用经营管理人员和专业技术人员的数量、资格和任期。

(7) 听取理事长或理事会关于社员变动情况的报告。

(8) 章程规定的其他职权。

三、社员大会的其他若干规定

合作社召开社员大会，出席人应达到社员总数的 2/3 以上。

社员大会选举或做出决议，应由本社社员表决权总数过半数通过；做出修改章程或合并、分立、解散的决议应由本社社员表决权总数的 2/3 以上通过。章程对表决权数有较高规定的，从其规定。

社员大会每年至少召开一次，且会议的召集由章程规定。有下列情形之一的，应在 20 日内召开临时社员大会：由 30%以上的社员提议，由执行监事或监事会提议，章程规定的其他情形。

农民专业合作社社员超过 150 人的，可按章程规定设立社员代表大会。社员代表大会按照章程规定可以行使社员大会的部分或全部职权。

社员大会通过决议须有记录本，记载议事过程和议事结果。记录本须备置在主办公地点，供社员随时查阅。

第二节　农民专业合作社理事会

一、理事会的意义

理事会是为了执行合作社事业的业务而设立的。理事会属于社员大会决议的执行机关。理事会不是个人的专断机构，而是若干理事智力的集合体。这既有利于监督合作社理事长的个人行为，也有利于合作社的民主管理。

二、理事会的责任

理事会最基本的义务是，保护社员财产，代表社员利益。理事会负有合作社长期发展的责任。理事会确定事业执行基准，并测定事业成果。其成果未达到基准时，须采取事后对策。

理事会雇用并监督经理，所以聘用优秀的经理是理事会最主要的任务。

理事会应努力做到如下几点。

（1）要求理事积极参与理事会议，并提出问题。

（2）使参与会议的理事做好发言准备，如事先阅读来自经理的资料、新闻报道等。

（3）理事应接受旨在做出正确决议的教育训练。

（4）选出理事会主持人。

（5）聘任经理，并使他遵守合作社章程。

（6）不监督经理的细小行为，保障他在理事会指定范围内执行业务。

（7）不谋求合作社给予优惠，对与自身有关事项不予投票。

（8）赞成多数社员意见。

（9）增大资本，监督偿还负债。运用社员股金，努力做到每年按事业利用额和股金分红。

（10）选定金融机构和会计检查机构。

（11）除名不负责任的理事。

（12）记录所有的理事会议。

（13）制定合作社发展的长远规划。

（14）最大地利用合作社，做好合作社预算。

理事会责任重大，积极而有能力的理事会是合作社成功运营的关键。因此，理事须具备下列素质：

（1）高效的事业判断力。

（2）独立性思考和批判性质疑。

（3）尊重社员。

（4）诚实。

（5）优良的职业道德，如与他人和谐相处、履行契约、有效率的时间管理。

（6）丰富的合作社知识。

三、理事会的职权

按照法律规定，理事会一般由理事长主持，可就下列事项做出决定。

（1）审查社员资格。

（2）运用积累金。

（3）确定借入金上限。

（4）确定事业经费额度和缴纳办法。

（5）变更事业计划和收支预算中的一般事项。

（6）聘任职员。

（7）用于业务的不动产取得和处分。

（8）制定、修订、废止业务规章。

（9）确定合作社经营方针。

（10）受社员大会委托的事项。

（11）理事长或多数理事认为必要的事项。

理事会会议须有记录，记载议事过程和议事结果。记录本须备置在主办公地点，供社员查阅。

理事长或理事会，可以按照社员大会的决定聘任经理和财务会计人员。理事长或理事可兼任经理。

第三节　农民专业合作社监事会

一、监事会的意义

监事会是专门检查合作社财产和业务的独立机构。它直接向社员大会负责。认为必要时，监事会可随时检查合作社的财产或业务执行情况。合作社监事会设置见图 4–2。

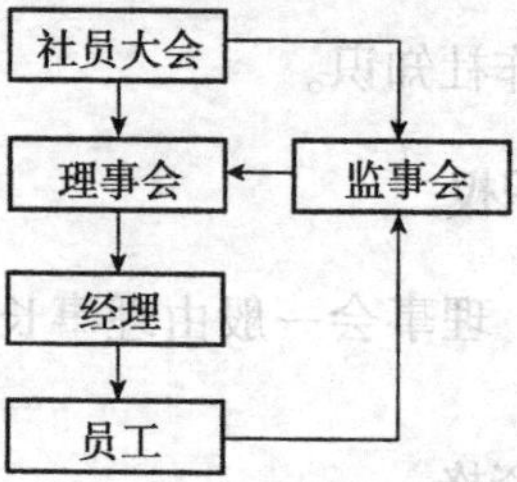

图 4–2　合作社监事会设置

二、监事会的职权

监事会的职权包括：

（1）对财产和业务的检查权。

（2）反映不当行为的报告权。

（3）列席理事会陈述意见权。

（4）特殊情形下的理事长代表权。

（5）临时社员大会的主持权。

（6）中止领导人职务的请求权。

理事长、理事、监事和管理人员不得有下列行为。

(1) 侵占、挪用或私分本社资产。

(2) 违反章程规定或未经社员大会同意，将本社资金供给他人或以本社资产为他人提供担保。

(3) 接受他人与本社交易的佣金归为自已。

(4) 从事损害本社经济利益的其他活动。

理事长、理事、监事和管理人员违反上述规定所得的收入，归本社所有；给本社造成损失的，应承担赔偿责任。

第四节　农民专业合作社经理

一、经理的意义

经理是由理事会聘请的经营管理专家，负责处理合作社的日常业务。合作社的盈亏与经理的经营管理水平有着直接关系。经理的聘请是理事会最重要的决议事项。经理直接对理事会负责。

二、经理的责任

如前所述，理事会聘请经理。为了实现合作社的目的，经理全权负责执行日常业务。经理按部门设定事业，并为达到理事会确定的战略目标而设定具体的、特定的实行目标。

经理最主要的任务是雇用并监督合作社的职员，教育职员理解合作社的目的，并使他们采取有效措施实现该目的。这是一项困难且费时间的任务。

合作社经营较公司制企业经营复杂而困难。比如，公司制企业经营以追求股东利益的最大化为目的，即股东利益越大越好。然而，合作社的经营利益最大化并不是唯一的目的。社员要求合作社持续发展，以满足自身的不同需求。社员更关心自家的农业收益。社员往往认为合作社利益的最大化和自身农业收益的最大化相矛盾。由于这些原因，准确判断合作社事业的成功与否是很难的。因此，经理及理事会难以制定合作社发展的长期规划。

一般地，经理和理事会之间的关系是否协调，是评价合作社运营是否成功的重要指标。这两者的协调关系决定于明确的责任划分，详见表4-1。

表4-1　理事会和经理的责任划分

理事会	经理
意见	行动
(1) 合作社战略目标设定	(1) 达到战略目标的具体方案设定
(2) 长期战略制定	(2) 短期计划制订
(3) 为长期发展的人力开发	(3) 与业务关联的实用教育
(4) 对经理的监管	(4) 对职员业绩进行评价

三、经理的职权

经理的职权包括：

(1) 主持合作社的生产经营管理工作，组织实施理事会决议。

(2) 组织实施合作社年度经营计划和投资方案。

(3) 拟定合作社内部管理机构设置方案。

(4) 拟定合作社的基本经营管理制度。

(5) 制定公司的具体规章。

(6) 提请聘任或解聘合作社副经理、财会人员。

(7) 聘任或解聘除由理事会聘任或解聘外的负责人。

(8) 由合作社章程和理事会授予的其他职权。

经理可以列席理事会会议，并陈述自己的意见。应引导农民专业合作社聘请职业经理人。

以上社员大会、理事会、监事会和经理是合作社必须建立健全的内部管理组织。此外，合作社还应建立“经营咨询会”，它由专家学者、合作社领导和社员代表组成。其目的在于，借助专家优势，不断完善合作社的经营管理。

第五节　政府对农民专业合作社的保护和监管

一、合作社与政府的关系

合作社与政府到底是一种什么样的关系，是很复杂的社会经济问题。西方合作社学者 A. F. Laidlaw 就此提出 3 点理由：一是合作社与政府的关系是在合作社内部争议最大的问题；二是各国的合作社与其政府的关系是千差万别的，没有世界公认的标准；三是即使在同一国家内，也因地域差别、合作社类型和时代条件而存在相当大的差异。

因此，合作社研究的先哲们也对合作社与政府的关系存在完全不同的见解。自称为博爱主义的企业家欧文等人对合作社接受政府支援持肯定态度，并积极争取政府对合作社的支援。为了“协同村”的建设计划，他曾向英国资产阶级展开募捐运动。他还制订了“和平村”（在美国和墨西哥的边境地带）的开发计划，曾得到墨西哥政府的支援。与此相反，威廉·金等人认为，合作社的内核是自助（self-help），所以政府支援与合作社的自主性不能并存，对合作社得到政府的支援持否定态度。

另外，在 1904 年召开的国际合作社联盟第六届大会上，由于反对政府支援的意见占优势，致使许多信用合作社和农业合作社退出 ICA。

现实中，任何国家，不管是资本主义国家，还是社会主义国家，也不管是发达国家，还是发展中国家，政府都程度不同地参与合作社事务。这是因为，政府也欲通过发展合作社来达到自己的政策目的。只有社会经济强者的结合体（股份公司）和社会经济弱者的结合体（合作社）并存，才能保证国家和社会的稳定。若没有弱者，就没有强者；而若没有强者，亦就没有弱者。这二者是互为生存和发展的前提条件的。

对于政府参与合作社事务的方式，西方合作社学者M. A. Abrahamsen提出如下4种类型。

第一，政府对合作社没有特别的关心。政府不参与对合作社的特别管制和运营，大体上采取中立立场。

第二，政府对合作社持有一般的关心。这一关心主要采取劝告、教育、调查研究等形式。

第三，政府出面设立合作社并予以管制。合作社要在政府指定的部门登记注册。政府支援合作社的经营管理。合作社财务要接受政府的监督。

第四，政府全面支援和利用合作社。从政府的角度，给合作社提供补助金；政府选派合作社领导人；为达到政策目的而利用合作社。

可以说，当今世界不可能存在合作社运动初期那样完全的“自助合作社”。政府和合作社的关系越来越密切。这在农村、农业中尤其明显。目前，没有一个国家完全消灭城市与农村、工人与农民之间的差别。各国政府都在关心自己的“农民、农业和农村”问题。农民增收、农业增产和农村发达，既是农民专业合作社的目的，也是政府的政策目的。这对于农村人口众多的，仍属于发展中国家的我国来说尤其如此。

据调查，政府的一些领导对合作社的认识滞后，是农民专业合作社未得到应有发展的不可忽视的主要原因之一。政府的一些领导对合作社有以下错误认识：一是对合作社内涵认识不清，把农民专业合作社等同于过去集体所有制经济组织，从而把发展农民专业合作社与实行家庭农业承包责任制对立起来。

二是对合作社组建程序认识不清。有的夸大政府作用，不顾本地实际和农民意愿，搞“一刀切”“拉郎配”；而有的则片面强调合作社的自发性，不规范、不引导合作社的发展。三是对合作社的作用认识不清。有的担心合作社会给政府找麻烦，与政府唱“对台戏”。公正地说，合作社可以代表农民与政府相关部门协商，使双方都有所让步，达成妥协，从而使问题得到圆满解决；合作社也可以在农民社员之间做些工作，在政府与农民之间起缓冲作用，平抑农民的一些不满情绪和过激做法。不仅如此，通过合作社，还可以增强农民自我组织和自我管理的能力，使农民素质得到提高，以减轻政府负担。

二、政府对农民专业合作社的支援、保护

在我国，政府与农民之间没有根本性利害冲突。因此，政府应在保障农民专业合作社的自助性和自主性前提下，加大对农民专业合作社的支援、保护，以使农民专业合作社既好又快地发展。当然，这是以不侵害合作社经营自主权为基础的。

政府支援、保护农民专业合作社的主要内容包括以下几点。

1. 立法

从某种意义上说，市场经济是法治经济。世界上最早的合作社法（Industrial and Provident Societies Acts）是由英国于1852年制定的。法律支援既是政府对合作社的最大支援，也是对合作社的最好保护。

《农民专业合作社法》自2007年7月1日起施行。它是新中国成立以来的第一部合作社法。尽管学术界对该法的合作社定义有争论，但笔者认为，该法在合作社理论上有重大的突破。如该法把农民专业合作社定义为“互助性经济组织”。这一表述赋予合作社以公私混合所有制的经济属性。

我国应抓紧修订《农民专业合作社法》。其主要内容大体包括：

（1）名称。该法应被修订为《农民专业合作社法》。适用对象包括新型农民专业合作社和传统农民专业合作社。

（2）正名。农民专业合作社开展信用合作的，应规定其为农民综合合作社；未开展信用合作的，仍称其为农民专业合作社。金融资本控制产业资本符合市场经济规律。按照这一规律，我国农民专业合作社模式应是：以农民综合合作社为主，农民专业合作社为辅。两种形式的农民专业合作社共存，有利于取长补短、相得益彰。应明确规定主要由农民综合合作社为农民专业合作社提供最优的信贷服务。

（3）联合社。鉴于目前全国有 6 000 多家农民专业合作社联合社的农情，故应对联合社的设立和发展做出规定。联合社应包括国家级的联合社。

（4）供销合作社和农村信用社的属性。供销社和农村信用社 50 多年来无专门法可依，绝不能继续存在下去。我国存在两种不同性质的合作社，让人费解。

（5）农民专业合作社子公司。现在农民专业合作社因规模小，一般没有子公司，但供销社系统子公司大量存在，故理应给予法律规定。

2. 教育

自世界第一本合作社办社原则，即罗奇达尔原则产生以来，世界各国的合作社原则都有教育原则。这是因为，合作社教育的外延十分宽广。合作社教育接受者包括合作社社员、合作社职员、政府官员和社会公众。通过合作社教育，社员提高合作社主人翁的意识；职员提高为社员服务的意识；官员提高支援合作社的意识；公众提高热爱合作社的意识。只有营造这样的社会氛围，才能使合作社健康、快速地发展。为此，第一，各级党校和管理干部学院应开设合作社课程，向政府官员普及合作社知识；第二，大学招生目录应设合作社专业（2014 年教育部专业设置中限于农科大学招收合作社专业），以培养本（专）

科生、硕士生、博士生等城乡合作社管理专业的高等人才；第三，有关部门应加大对中国第一所专门培养合作社人才的青岛农业大学合作社学院的投入，使它快速发展成为具有中国特色的、国内外一流的合作社大学。

3. 减免税收

世界各国政府对合作社与社员的交易额一般都给予税收减免。这是直接增加合作社及其社员效益的有效途径。我国农民专业合作社法明确规定，对合作社的税收优惠政策由国务院抓紧制定。财政部在这方面已制定了4项优惠政策，但应制定更多的减免税优惠政策，因为这是我国创新财政支农方式的改革方向。

4. 支援资金

新农村建设的资金从哪里来？这是破解“三农”问题的关键。除了深化改革农村信用社体制、发展农村资金互助社以外，政府还应加大对农村事业的资金投入。在农村信用社尚未真正恢复“民办性”之前，政府对农村的资金投入应通过农村资金互助社和农民专业合作社进行。马克思和恩格斯主张，若要发展合作社，就必须有政府的财政支援。

5. 政策性事业

农民专业合作社事业和政府事业的根本目的完全一致。这是我国的政治优势。因此，政府应通过农民专业合作社举办各种政策性事业。比如，现在的农业机械化通过农业机械合作社来推广，效果就好。应加大农民专业合作社的政策性事业量。但鉴于过去的教训，这里应注意3点：一是政策性事业不能违反合作社自律、自主的原则；二是政策性事业须签订合同，并按合同办事；三是因政策性事业而发生的合作社亏损应由政府财政负担。

6. 支援技术

政府除了继续办好有关农村技术的大学和研究院（所）以外，在政策上还应鼓励这些大学和研究院（所）积极主动与农民专业合作社建立广泛的技术协作关系，以解决农民专业合作社科技人才匮乏的问题。技术支援需与人才培训相结合。据吉林省某农民专业合作社调查，某大学支援该社一台较高级的计算机，但由于该社没有懂计算机的人才，计算机只起摆设作用。

7. 培育示范社

深入推进示范社建设行动，充分发挥示范社的引领作用。

三、政府对农民专业合作社的监管

1. 政府监管机构

目前，农民专业合作社由农业部门管理，农村资金互助社由银监会管理，而医疗合作由卫生部门管理。对农民专业合作社的监管政出多门，合作力量往往互相抵消，宏观管理落后。因此，建议国务院应实行“大部门制”，设立主管农民各类合作社的综合部门，以提高宏观管理效率。全国农民专业合作社发展部际联席会议会员单位应充分发挥职能作用，全面提升农民专业合作社发展质量和水平。

2. 政府监管内容

政府对农民专业合作社的监管分为事前的监管和事后的监管。前者主要指：合作社章程的制定，合作社的设立、合并、分立、解散、清算等，均按国家的相关法规办理，违者必究。后者主要包括：①检查，即政府有关部门有权检查合作社的财产和业务执行情况；②取消，如社员（代表）大会决议违反法规或章程时，政府有关部门有权取消其决议；③处分，如合作社业务或会计违反政策时，政府有关部门有权给予行政处分；④改正，如合作社信用事业未达到安全基准时，金融监督部门有权提出限期改正措施；⑤判刑，如合作社领导的行为触犯法律时，法院可判处刑罚。

需要指出的是：农民专业合作社的内部管理及政府的保护和监管应实现信息化，即合作社管理活动中广泛应用现代信息技术，包括管理电子事务和管理电子政务。

第五章　农民专业合作社运营管理

合作社运营机制，是指合作社运营中控制、激励、协调等的具体方式，通常以各项规章制度等形式来体现。本章研究农民专业合作社资本、分配、财务会计、运营公开等方面的制度。

第一节　农民专业合作社资本

在现代经济学和人们的日常生活中，凡是能够增值的价值都被视为资本。资金的外延大于资本，但有时两者被混用。

一、合作社资金来源

如前所述，农民成立合作社，是为了通过社员的互助合作来维护并提高自身的经济、文化、社会的利益和地位。

然而，要实现上述的目的，合作社就必须投入巨额资本，举办各项合作事业。其资金主要来源于股金、储蓄金、事业经费、加入金、借入金、政策金、公积金、公益金、风险金、捐赠金等。

1. 股金

股金是社员向合作社出资的资金，是合作社最基础的资金。因此，社员入社时须交纳股金，以证明自己为合作社财产的所有者。

股金一般有下限和上限之分。股金下限是欲入社农民取得社员资格的基本条件。确定股金的上限，主要是为了防范出资极多者控制合作社。这与合作社的民主管理原则是一致的。

股金的变动表现为增加或减少。股金增加的原因是：①增大每一股的金额，此时须修订章程；②新社员交纳股金；③合作社将社员分红部分直接转为该社员的连续出资；④合作社发行优先出资券。

股金减少的原因有：①返还退社社员的股金；②减少每一股的金额，此时须修订章程。

股金表示社员拥有合作社财产的份额，因此股金不能由 2 人以上（含 2 人）共有。若股金由两人以上共有，就与合作社一人一票制的原则相违背，不能称其为合作经济。

2. 储蓄金

储蓄金是社员及他人在合作社信用部门办理的存款。它主要被用作社员生产和生活的贷款。

一般来说，基层社办理农业贷款后，若有剩余，就将剩余部分存入联合社，以使基层社的资金互通有无。

理论上说，现在我国居民多数居住在农村，所以只要国家金融政策现实地倾向于农村，那么农民专业合作社的储蓄存款额肯定大幅增长。

3. 事业经费

事业经费是社员和准社员为利用合作社事业而交纳的经费。

交纳事业经费是社员和准社员的法定义务之一。谁不交纳事业经费，谁就不能利用合作社事业。

4. 加入金

加入金是指自然人和社团法人、企业法人等准社员（会员）加入合作社时必须交纳的类似股金的资金。

加入金是非农民取得准社员资格的基本条件。它对增大合作社自有资本具有重大意义。

5. 借入金

借入金分为基层社的借入金和联合社的借入金。前者主要是指基层社从联合社得到的贷款。联合社一般按基层社在联合社的存款额度决定贷款额度。后者是指联合社发行农业金融债券而筹集的资金和从国内、外借入的资金。一般来说，联合社可在自有资本的若干倍内发行农业金融债券，以筹集营农资金。

联合社从国内、外借入的资金，包括它从国内、外金融机构的借入金和在国内、外金融市场调剂的资金。

6. 政策金

政策金是指政府为合作社融资的资金。它被用于由政府委托办理的各项政策性事业上。政策金必须量化到每个社员。但合作社清算时不得分给社员。

世界各国农民专业合作社一般均受政府委托举办政策性事业，而我国理应如此。这是因为，国家利益根本上代表合作社及其社员的利益。所以，片面反对政府通过合作社举办政策性事业是错误的。

7. 公积金

公积金是指合作社从当年总收益中按一定比例提取的公有资金。按照《农民专业合作社法》的规定，公积金必须量化到社员个人账户上。

一般地说，公积金分为法定公积金和任意公积金。前者指合作社按国家有关规定提取的公积金；后者指合作社依经营状况提取的公积金。公积金主要被用于合作社的扩大再生产。

公积金归合作社集体所有，是不可分割的公有财产，不能将其分给社员个人，退社社员除外。公积金越多，合作社的集体成分就越大。

8. 公益金

公益金是指合作社从提取公积金后的余额中再按一定比例提取的公有资金。它主要被用于农村社会保障事业。

一般地说，公益金分为社会公益金和社员个人公益金。前者是指用于本合作社及其社员以外的社会公益事业；后者是指用于本合作社及其社员的公益事业，如社员医保等。

9. 风险金

风险金是指合作社从税后利润中按一定比例提留的防范风险的资金。农业生产受自然条件的制约，有较大的风险，所以提留一定额度的风险金是完全必要的。

10. 捐赠金

捐赠金是指个人、法人等捐赠给合作社的资金。由于合作社属于社会经济弱者团体，所以通过社会公关争取捐赠金是必要的。捐赠金必须量化到每个社员。

二、合作社资金运用

合作社将上述的资金主要用于下列各项事业。

（1）农民专业合作社产品购销等经济事业。

（2）农民专业合作社信用保险等金融事业。

（3）农民专业合作社教育文化等社会事业。

第二节　农民专业合作社分配

分配，是指生产要素（特别是生产工具）或生产物在不同社会成员和经济群体之间的分割。生产要素的分配是生产本身的问题，是生产的条件和前提，实际上是生产资料所有制的问题。生产物的分配是生产要素分配的结果。生产物的分配是社会再生产过程中的一个重要环节。社会再生产是生产、分配、交换和消费的统一体。生产是出发点，通过分配和交换，最后进入消费。分配是连接生产和消费的一个中间环节。再生产过程中，分配取决于生产。分配的对象是生产出来的产品，而分配的性质取决于生产关系的性质。分配对生产也有重要的反作用。它直接涉及人们之间的物质利益关系，对生产的发展起着促进或延缓的作用。

农民专业合作社分配，是指生产物的分配，即社员按事业利用额分红和按股金分红。

一、按事业利用额分红

按事业利用额分红，是指按社员实际利用合作社事业的份额进行分配。其基准由理事会决定。

事业利用额分红没有上限规定。因此，社员中谁多利用合作社事业，谁就多得分红收入。这既有利于鼓励社员多利用合作社事业，也有利于扩大合作社自有资本（如美国实行按事业利用额交纳股金）。因此，按事业利用额分红必须优先于按股金分红。

二、按股金分红

按股金分红，是指按社员实际出资的份额进行分配。一般地，按股金分红是在按事业利用额分红后有剩余时才进行的。

按股金分红一般有上限规定。这与公司制企业的股金分红完全不同。其基准由合作社章程规定，一般低于商业银行的存款利率。其分红率必须适用于全体社员，绝不能区别对待社员。

第三节 农民专业合作社财务会计

一、合作社财务指标

财务，是指合作社有关财产的管理或经营以及现金的出纳、保管、计算等事务。

合作社财务指标包括收益率、流动率、效用率和支付率。

收益率，是指合作社的收益创造性，主要核算销售额的收益率和总资产的收益率。

流动率，是指合作社的清偿债务性，主要核算短期现金流动、利息支付率、销售运用资金率等。

效用率，是指合作社的生产性，主要核算费用/生产率、劳动/收益率等。

支付率，是指合作社的长期财务安全性，主要核算负债/固定资产率和资本/生产率等。

二、合作社会计核算的基本要求

会计，是指对合作社财产增减、收入支出等财务的处理。

依照自2008年1月1日起施行的《农民专业合作社财务会计制度》规定，会计核算的基本要求包括如下内容。

(1) 合作社的资产分为流动资产、农业资产、对外投资、固定资产、无形资产等。

(2) 合作社的流动资产包括现金、银行存款、应收款项、存货等。

(3) 合作社必须根据有关法律法规，结合实际情况，建立健全货币资金内部控制制度。

(4) 合作社的应收款项包括本社成员和非本社成员的各项应收及暂时款项。

(5) 合作社应当建立健全销售业务内部控制制度，明确审批人和经办人的权限、程序、责任和相关控制措施。

(6) 合作社应当建立健全采购业务内部控制制度，明确审批人和经办人的权限、程序、责任和相关控制措施。

(7) 合作社存货包括种子、化肥、燃料、农药、原材料、机械等，以及配件、低值易耗品、在产品、农产品、工业产成品、受托代销商品、受托代购商品、委托代销商品、委托加工物资等。

(8) 合作社应当建立健全存货内部控制制度，建立保管人员岗位责任制。

(9) 合作社根据国家法律、法规规定，可以采用货币资金、实物资产或者购买股票、债券等有价证券的方式向其他单位投资。

(10) 合作社的对外投资按照如下原则计价：以现金、银行存款等货币资金方式向其他单位投资的，按照实际支付的款项计价。

(11) 合作社应当建立健全对外投资业务内部控制制度，明确审批人和经办人的权限、程序、责任和相关控制措施。

(12) 合作社要建立有价证券管理制度，加强对各种有价证券的管理。要建立有价证券登记簿，详细记载各有价证券的名称、券别、购买日期、号码、数量和金额。有价证券要由专人管理。

(13) 合作社的农业资产包括牲畜（禽）资产、林木资产等。

(14) 合作社的房屋、建筑物、机器、设备、工具、器具、农业基本建设设施等，凡使用年限在1年以上，单位价值在500元以上的均列为固定资产。有些主要生产工具和设备，单位价值虽低于规定标准，但使用年限在1年以上的，也可列为固定资产。

(15) 合作社应当根据具体情况分别确定固定资产的入账价值。

(16) 合作社的在建工程指尚未完工，或虽已完工但尚未办理竣工决算的工程项目。在建工程按实际消耗的支出或支付的工程价款计价。在建工程完工交付使用后，计入固定资产。

(17) 合作社必须建立固定资产折旧制度，按年或按季按月提取固定资产折旧。固定资产的折旧方法可在“平均年限法”“工作量法”等方法中任选一种，但是一经选定，不得随意变动。

（18）固定资产的修理费用直接计入有关支出项目。

（19）合作社应当建立健全固定资产内部控制制度，建立人员岗位责任制。

（20）合作社的无形资产是指合作社长期使用但是没有实物形态的资产，包括专利权、商标权、非专利技术等。

（21）每年年度终了，合作社应当对应收款项、存货、对外投资、农业资产、固有资产、在建工程、无形资产等资产进行全面检查。对于已发生损失但尚未批准核销的各项资产，应在资产负债表等补充资料中予以披露。

（22）合作社应当定期或不定期对与资产有关的内部控制制度进行监督检查。对发现的薄弱环节，应当及时采取措施，加以纠正和完善。

（23）合作社的负债分为流动负债和长期负债。

（24）合作社应当建立健全借款业务内部控制制度，明确审批人和经办人的权限、程序、责任和相关控制措施。

（25）合作社的所有者权益包括股金、专项基金、资本公积、盈余公积、未分配盈余等。

（26）合作社对成员入社投入的资产要按有关规定确认和计量。

（27）合作社的生产成本是指合作社直接组织生产或对非成员提供劳务等活动所发生的各项生产费用和劳务成本。

（28）合作社的经营收入是指合作社为成员提供农业生产资料的购买，农产品的销售、加工、运输、贮藏以及与农业生产经营有关的技术、信息等服务取得的收入，以及销售合作社自己生产的产品，对非成员提供劳务等取得的收入。

（29）合作社的经营支出是指合作社为成员提供农业生产资料的购买，农产品的销售、加工、运输、贮藏以及与农业生产经营有关的技术、信息等服务发生的实际支出，以及因销售合作社自己生产的产品，对非成员提供劳务等活动发生的实际成本。

(30) 合作社的本年盈余按照下列公式计算：

本年盈余=经营收益+其他收入-其他支出

(31) 合作社在进行年终盈余分配工作以前，要准确地核算全年的收入和支出，清理财产和债权、债务，真实、完整地登记成员个人账户。

(32) 合作社会计核算应划分会计期间，分期结算账目。一个会计年度自公历1月1日起至12月31日止。

从事农民专业合作社会计工作的人员，必须取得会计从业资格证书。农民专业合作社的信用合作必须独立核算。农民专业合作社必须建立社员账户和管理档案。

三、合作社事业预算

合作社事业预算，是指合作社事业的财务收支计划。合作社预算应参考上一年预算执行情况和本年度收支预测进行编制。合作社预算必须按量入为出、收支平衡的原则编制，不列赤字。预算收入的编制，应与合作社事业增长率相适应。预算支出的编制，应贯彻厉行节约、勤俭建社的方针。

合作社事业预算须经社员（代表）大会决议，否则无效。变更事业计划及收支预算，须经理事会通过。变更章程规定的重大事项，须经社员（代表）大会决议。

四、合作社事业决算

合作社事业决算，是指合作社事业财务收支计划执行结果的会计报告。合作社决算须经社员（代表）大会决议。在召开定期大会以前，合作社理事长须将决算报告提交监事。决算报告包括事业报告书、借贷对照表、盈亏计算书、盈余分配方案和亏损处理方案。监事签注意见后，理事长将决算报告和监事意见一并提交社员（代表）大会通过。

第四节　农民专业合作社运营公开

一、运营公开的意义

民主管理是合作社的基本原则之一。为了使社员积极参与、监督合作社的运营，合作社必须实行运营公开。运营公开，既有利于防范合作社领导和职员腐败行为的发生，也有利于社员及时了解合作社运营的状况。

二、运营公开的内容

运营公开的主要内容包括以下几点。

（1）合作社理事长须将每会计年度的事业预算、决算报告备置在主办公地点，以便社员随时查阅，接受社员的监督。

（2）合作社理事长须将章程、大会记录、理事会记录、社员名册等文书备置在主办公地点，以公开合作社的运营状况。

（3）社员可查阅合作社会计账簿；无特殊理由，合作社领导不能予以拒绝。

（4）对合作社业务有违反法规或章程的疑问时，经社员若干人同意，可请求有关部门派人检查合作社业务。

（5）设立合作社运营评价咨询会议。它由社员代表和社外合作经济专家若干人组成。其基本职能是：评价合作社运营状况，提出完善合作社运营的对策等。合作社理事长须向理事会和大会报告该会议提出的对策，并努力加以实施。

（6）农民专业合作社必须定期向工商部门送交年度报告。

第六章　农民专业合作社经济事业管理

事业，是指人们所从事的，具有一定目标、规模和系统而对社会经济发展有影响的经济活动。农民专业合作社事业非常广泛，可概括为经济事业、金融事业和社会事业。本章先研究合作社经济事业，包括农业生产事业、农产品流通事业、工业品购买事业、农产品加工及工业生产事业。

第一节　农民专业合作社农业生产事业

一、农业生产事业的含义

农业生产事业，是指农民专业合作社从事的旨在加强土地流转、扩大社员耕地经营面积、提高农业生产力、增强农业市场竞争力的事业。

由于各种原因，我国农户承包的土地面积甚少且零碎，直接影响农业生产的规模化、专业化和现代化。因此，农民专业合作社目前的主要任务是加快土地流转，使耕地集中于承包大户或家庭农场，形成兼业农和专业农并存，以专业农为主体的农业生产格局。“努力走出一条生产技术先进、经营规模适度、市场竞争力强、生态环境可持续的中国特色新型农业现代化道路”。

二、农业生产事业的内容

农业生产事业的主要内容如下。

（一）加快土地流转

土地流转，是农民扩大土地经营面积的唯一措施。农户扩大土地经营面积无非有 3 条途径：①社员与社员之间的土地流转。此时，合作社可作为中介人，确认交易双方的权利和义务。②社员与非社员农民之间的土地流转。此时，合作社可以作为担保人，为交易双方提供相应的担保。③合作社与非社员农民之间的土地流转。此时，合作社作为法人与农民个人进行交易。交易完成后，合作社须将土地再承包给社员，以其扩大土地承包经营面积。农业家庭承包经营制决不能动摇。

土地流转的本质是土地承包经营权的转移，产权必须清晰。不然，势必带来土地纠纷。因此，有关部门应抓紧抓实土地承包权确权登记颁证工作。

（二）培育职业农民

职业农民，是指把从事农业生产作为主要生活来源的农民。职业农民与一般农民的主要区别在于：①经营土地面积不同。职业农民经营的土地面积远远大于一般农民的种植面积。②农业生产技术不同。职业农民一般采用最先进的生产技术。③经营管理不同。职业农民一般依据农产品国内、外市场的需求组织农业生产，具有较强的市场竞争力。④文化程度不同。职业农民的文化程度一般高于一般农民。⑤生活来源不同。职业农民的生活消费主要来自农业经营效益，而一般农民主要靠非农收益维持生计。

农民专业合作社应从社员中选准职业农民候选人，加强培育，使他们早日成为真正的职业农民。政府也应给予教育、技术、经营、资金等方面的支援，以发展壮大我国的职业农民队伍。

（三）建设家庭农场

家庭农场，是指以家庭成员为主要劳动力，从事农业规模化、集约化、商品化生产经营，并以农业收入为家庭主要收入来源的新型农业经营主体。在我国，家庭农场由职业农民经营。

我国的家庭农场尚处在起步阶段。据资料，江苏省南京市出台《示范家庭农场认定管理办法（试行）》。其主要内容包括：①家庭农业生产布局规划须符合环境保护的要求；②家庭农业生产的农产品须符合无公害农产品、绿色食品、有机食品的规定；③家庭农场主须接受过农业教育或技能培训，能在生产过程中运用科技知识和信息化手段；④家庭农业经营用地须集中连片，粮食作物生产需100亩（1亩≈667平方米；15亩=1公顷。全书同）以上，园艺种植露天生产需50亩以上；⑤家庭农业生产能基本实现作业机械化，有较强动植物疾病防控和农业抗灾能力；⑥家庭农业产品有稳定销售渠道，能实现家庭增收，家庭人均纯收入须达到或超过当地城镇居民收入水平；⑦家庭农场容貌整洁美观，有醒目标牌；⑧家庭农场不搞“终身制”，每年度认定一次；⑨家庭农场可获得政府资金、技术、项目等多项支持。

农业部关于家庭农场的认定标准包括：①家庭农场经营主应具有农村户籍，即非城镇居民。②以家庭成员为主要劳动力，即无常年雇工或常年雇工数量不超过家庭务农人员数量。③以农业收入为主，即农业净收入占家庭农场总收益的80%。④经营规模达到一定标准或相对稳定，即从事粮食作物的，租期或承包期在5年以上的土地经营面积达到50亩（一年两熟制地区）或100亩（一年一熟制地区）以上；从事经济作物、养殖业或种养结合的，应达到当地县级以上农业部门确定的规格标准。⑤家庭农场经营者接受过农业技能培训。⑥家庭农场经营活动有完整的财务收支记录。⑦对其他农户开展农业生产有示范带动作用。

2013年，农业部首次对全国家庭农场发展情况开展了统计调查。全国30个省、区、市（不含西藏自治区）共有符合本次统计调查条件的家庭农场87.7万个，经营耕地面积达1.76亿亩，占全国耕地面积的 13.4%。平均每个家庭农场有劳动力 6.01 人。其中，家庭成员为 4.33 人，长期雇工有 1.68 人。

家庭农场以种养业为主。在全部家庭农场中，从事种植业的有 40.95 万个，占 46.7%；从事养殖业的有 39.93 万个，占 45.5%；从事种养结合的有 5.263 个，占 6%；从事其他行业的有 1.56 万个，占 1.8%。

家庭农场生产经营规模较大。家庭农场年均经营规模达 200.2 亩，是全国承包农户平均经营耕地面积 7.5 亩的近 27 倍。其中，经营规模在 50 亩以下的有 48.42 万个，占家庭农场总数的 55.2%；50~100 亩的有 18.98 万个，占 21.6%；100~500 亩的有 17.07 万个，占 19.5%；500~1 000亩的有 1.58 万个，占 1.8%；1 000亩以上的有 1.65 万个，占 1.9%。全国家庭农场经营总收入为 1 620 亿元，平均每个家庭农场收入为 18.47 万元。

在全部家庭农场中，已被有关部门认定或注册的共有 3.32 万个。其中，经农业部门认定的有 1.29 万个，经工商部门注册的有 1.53 万个。全国各类扶持家庭农场发展资金总额达 6.35 亿元。其中，江苏省和贵州省超过 1 亿元。

职业农民培育和家庭农场建设应同步进行。合作社应对家庭农场主的社员给予一人多票制（由章程规定具体票数）优惠，以防范其退社，调节小农户与大农户之间的利益关系，保障合作社稳定、健康地发展。

（四）实现农业生产信息化

1. 信息化的概念

信息化的概念起源于 20 世纪 60 年代的日本。1993 年召开的首届我国信息化工作会议，对我国的信息化进行了描述。信息化，是指培育、发展以智能化工具为代表的新的生产力并使之造福于社会的历史过程。

借鉴上述定义，农业生产信息化，是指农业生产领域广泛应用计算机技术、网络和通信技术、电子技术等现代信息技术的历史过程。

2. 农业生产信息化的内容

农业生产信息化主要包括以下内容。

（1）大田种植信息化，是指大力建设推广应用基于地理信息系统（GIS）的农田管理系统、测土配方施肥系统、墒情监控系统、农田气象监测系统、作物长势监控系统、病虫害监测预报防控系统以及精准作业系统，确保大田高产、优质、高效、生态、安全。

（2）设施园艺信息化，是指大力建设推广应用温室环境监控系统、植物生长管理系统、产品分级系统以及自动收货采摘系统，确保温室实现集约、高产、高效、低耗、生态、安全。

（3）畜牧业生产信息化，是指大力建设推广应用畜禽养殖环境监控系统、饲料自动给养系统、育种繁殖系统、疾病诊断与防控系统、养殖场管理系统和质量追溯系统，最终实现畜禽养殖集约、高产、高效、优质、健康、生态、安全。

（4）渔业生产信息化，是指大力建设推广应用水质环境监控系统、养殖场管理系统、饲料自助投喂系统以及疾病诊断防控系统，最终实现水产养殖业集约、高产、高效、优质、健康、生态、安全。

（5）林业生产信息化，是指大力建设推广应用信息技术对林业生产进行合理调节和控制，实现智能化、网络化和一体化。

第二节　农民专业合作社农产品流通事业

流通，是指产品从生产领域转入消费领域的经济活动。

一、农产品流通的特性

农业生产是自然再生产和经济再生产相互交织的生产。因此，农产品商品流通具有如下特性。

（1）农产品商品具有明显的季节性、地区性和分散性。农业生产受农时季节和自然环境的影响，农产品上市也具有季节性。不同地区生产不同的农产品。我国农产品由上亿承包农户生产。

（2）农产品分为自给性农产品和商品性农产品。当农户消费自产农产品时，该农产品就是自给性农产品，不经过商品流通过程。当农户出售自产农产品时，该农产品就是商品性农产品，进入商品流通过程。

（3）农产品既是生活资料，又是生产资料。将农产品直接用于人们生活消费时，它就是生活资料；将农产品作为工业原料时，它就是生产资料。

（4）农产品体积大、数量多、水分多。这就增加了农产品营销的成本开支，并需要有完善的交通运输、贮藏等条件。

（5）农产品是有机体，不易贮藏，易于腐烂变质。这就要求采取包装、加工、贮藏等措施，以避免风险。

（6）农产品质量不均匀。这就要求合理确定农产品的质量差价。

二、农产品商品流通渠道

按所有制性质，目前我国农产品商品流通有以下主要渠道。

（1）国有商业渠道。粮食流通主要由国有粮食企业经营。

（2）合作商业渠道。它主要是指供销社系统和农民专业合作社。

（3）个体商业渠道。它主要是指城乡农产品集贸市场。

（4）私营商业渠道。它是指雇工 8 人以上的商业企业。

（5）外资商业渠道。它分为中外合资商业企业、中外合作商业企业和外国投资商业企业。

（6）股份制商业渠道。它是指公私合营的股份制商业企业。

三、农产品商品供求关系

农产品商品的供给和需求不可能自行出现于市场，而是通过商品交换出现于市场。马克思指出："说到供给与需求，那么供给等于某种商品的卖者或生产者总和，需求等于这一类商品的买者或消费者（包括个人消费和生产消费）的总和。而且，这两个总和是作为两个统一体、两个集合力量来相互发生作用的。"

商品的供给与需求两方面是有内在联系的。马克思认为，价格决定供求价值规律对商品生产和商品流通起调节作用。市场价格是供求内在联系的核心，具体表现如下。

（1）市场供求决定市场价格。假定某种农产品商品的市场供给量不变，市场需求量增加，市场价格会上涨；市场需求量减少，市场价格会下跌。再假定某种农产品商品的市场需求量不变，市场供给量增加，市场价格会下跌；市场供给量减少，市场价格会上涨。总之，供求量的增或减，必然引起市场价格的降或升。

（2）市场价格又决定市场供求。市场价格的变动，又必然引起市场供求的增减。假定把影响市场供求的其他因素排除在外，仅考察价格因素对供求产生的影响：当市场价格上升时，市场需求量会减少，从而导致市场供给量的增加，即市场需求量按照和市场价格相反的方向变化，见图 6–1。

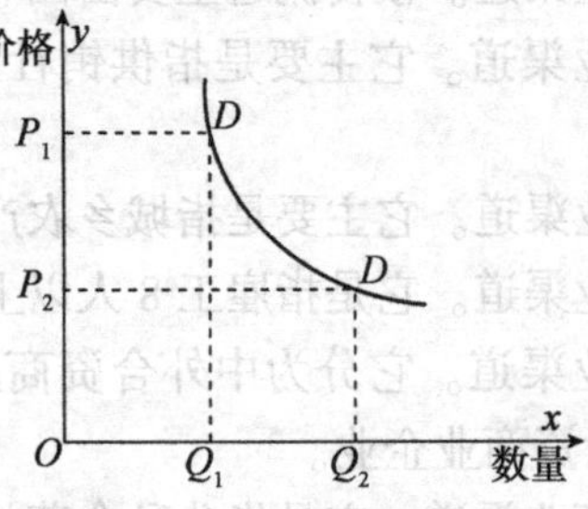

图 6–1　商品需求曲线

反之，当市场价格下跌时，市场需求量将会增加，从而导致市场供给量减少，即市场供给量和市场价格按同一方向变动，见图 6-2。

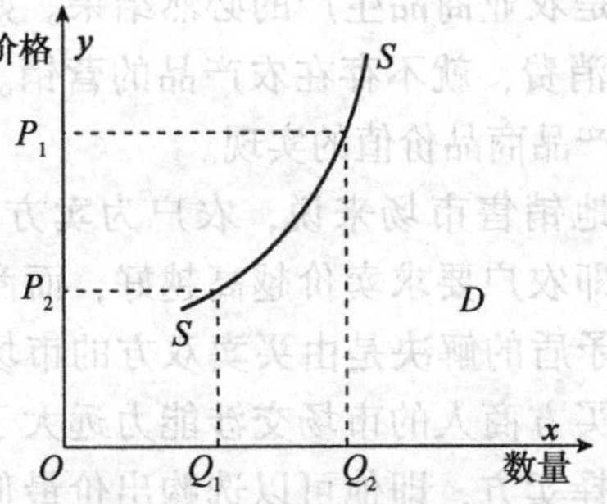

图 6-2　商品供给曲线

(3) 市场价格影响市场供求平衡。上面说过，市场价格的起落不仅影响商品需求，也影响商品供给。供给与需求曲线必然有一个交叉点，即平衡点。也就是说，达到某种价格水平，能促使市场商品的供给量和需求量相协调，实现供求平衡，见图 6-3。

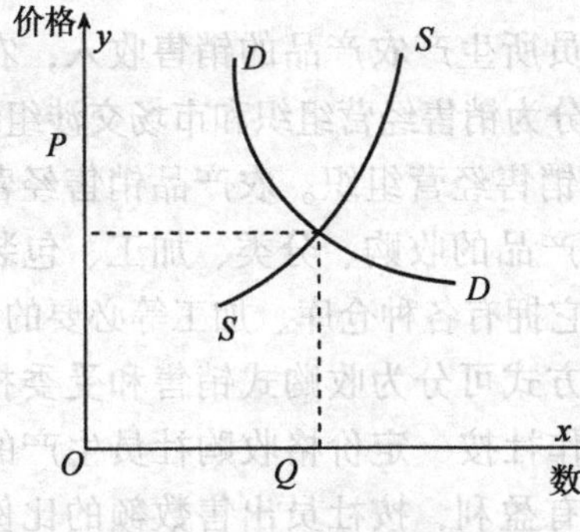

图 6-3　商品供求曲线

四、农产品营销事业

1. 农产品营销事业的必要性

农产品营销是农业商品生产的必然结果。如果农户生产农产品是为了自家消费，就不存在农产品的营销。因此，农产品营销的本质是农产品商品价值的实现。

就农产品产地销售市场来说，农户为卖方，商人为买方。这是一对矛盾，即农户要求卖价越高越好，而商人则要求买价越低越好。这一矛盾的解决是由买卖双方的市场交涉能力决定的。一般来说，买方商人的市场交涉能力远大于卖方农户。因为，商人可以选择卖方，即他可以选购出价最低、质量最好的农户生产的农产品。在上述情形下，如果生产同一农产品的农户联合起来，共同决定统一的农产品出售价，那么商人只能按其价格成交。农民专业合作社的农产品营销事业就发挥了这一强化农户市场交涉能力的作用。它有利于解决农户生产的农产品难卖的问题，有利于节约农产品流通费用，有利于提高农户的经营收益。

2. 农产品营销事业的促进方式

为了提高社员所生产农产品的销售收入，农民专业合作社农产品营销组织分为销售经营组织和市场交涉组织。

(1) 农产品销售经营组织。农产品销售经营组织，主要从事社员所生产农产品的收购、分类、加工、包装、出售等农产品实物的流通。它拥有各种仓库、加工等必要的设施。

农产品销售方式可分为收购式销售和受委托式销售。收购式销售，是指合作社按一定价格收购社员生产的农产品，再按市场价出售。若有盈利，按社员出售数额的比例分红。这种销售方式的优点是：由于合作社在收购农产品的同时支付货款，所以农户没有销售风险；合作社收购农产品后，自主决定出售时间、出售数量、加工包装、统一商标等，有利于取得规模效益。

受委托式销售，是指合作社受社员委托销售他们生产的农产品。若有盈利，按社员委托数额的比例分红。这种销售方式的特点是：由于受委托卖出农产品后支付货款，所以合作社无资金负担。这适合于财务基础差的合作社。

按计算方式，受委托式销售分为个别计算式销售和共同计算式销售。个别计算式销售，是指按各农户生产的农产品分别计算其销售费用及销售价格。

共同计算式销售，是指将农户生产的农产品按不同质量等级混合计算其销售费用及销售价格。这种方法的优点是：有利于获得批量销售的规模效益，有利于使用共同商标来扩大销售，有利于分散农户的销售风险。

（2）农产品市场交涉组织。市场交涉组织，是指农产品交易的代理组织。它专门与农产品买方协商农产品出售的价格、质量、检验、时间、地点等交易条件，从而为社员创造有利的农产品销售条件。市场交涉所需费用一般由社员负担，故合作社无资金负担。

五、农产品仓库保管

1. 农产品仓库保管的职能与特点

（1）仓库保管的职能。建设仓库储存农产品，是农产品营销事业的一个重要环节。储存是农产品离开生产过程，尚未进入消费领域之前，在流通过程中的停留。其目的在于保持农产品的质量，免受损害，以待进入消费（或加工）领域。

（2）仓库保管的特点。①按农产品自然属性的要求，分别实行保温、冷却、干燥、防潮、防鼠害、防虫害、防病害。②保管的场所要满足生产者、加工者、消费者的要求，方便起运，经济合理。③保管是为了将现有农产品延期使用，因而影响资金周转。④保管起调节供应作用。当大量产品收获或供应一时过剩时，保管起调节和稳定市场物价的作用。

2. 农产品仓库分类

农产品的种类繁多，在储存和保管上要求不尽相同。从仓库储存适应性上可分为：

（1）通用仓，指储存一般农产品的仓库。

（2）专用仓，指专门储存某种农产品的仓库，如粮仓、饲料仓、茶叶仓、烟草仓等。因混杂储存会影响品质的农产品，一定要用专用仓储存。

（3）特别仓，指根据储存农产品的特殊要求而建设的仓库，如肉类冷藏库、水果冷藏库、油脂库等。

3. 农产品仓库管理的内容

仓库管理的内容主要包括进仓（收货）、保管和出仓（发货）3 方面的业务管理。

（1）进仓。收货是进仓的第一个环节，要求进仓的数量准确，质量规格相符，手续清楚，进仓效率高。

（2）保管。保管是仓库业务的中心。其基本要求是：充分利用仓库容量，精心护养商品，实行分品种堆码或分区保管，提高保管的经济效益。

（3）出仓。根据发货的基本要求进行，准确、快速。

4. 农产品仓库管理的费用

仓库储存产品需要费用开支，主要包括：

（1）管理费，指按产品应付的保管费。

（2）损耗，指专业仓库规定的一定的损耗费。

（3）包装材料费。

（4）储存产品所占的资金的利息。

（5）产品保险费。

六、农产品包装和标准化

1. 农产品包装

我国农产品包装向来比较落后。这不能适应对外开放、对内搞活的要求。

农产品包装具有以下几大功能：促进销售功能、保护产品功能、适应社会功能、适应环境功能等。我国农产品包装应以促进销售功能为主，其他功能平衡发展。

在国际农产品市场上，凡卖价高的农产品都配备有良好的包装材料和相应的商标内容，以树立商品的美誉度、知名度作为促销手段。

2. 农产品标准化

农产品标准化，既是提高农产品商品质量、增加市场供应、扩大销售的一个重要途径，也是改进运输技术、提高运输效率的重要内容。

《中华人民共和国农业法》规定："国家采取措施提高农产品的质量，建立健全农产品质量标准体系和质量检验检测监督体系，按照有关技术规范、操作规程和质量卫生安全标准，组织农产品的生产经营，保障农产品质量安全。"

《中华人民共和国农业法》还规定："符合国家规定标准的优质农产品可以依照法律或者行政法规的规定申请使用有关的标志。符合规定产地及生产规范要求的农产品可以依照有关法律或者行政法规的规定申请使用农产品地理标志。"

联合国欧洲经济安全会对水果和蔬菜规定欧洲标准格式。其主要内容包括：①产品定义；②产品发货时的质量要求；③质量分级制，即超级、一级和二级；④产品大小分级及检查方法；⑤可允许缺陷；⑥包装及运输标记。

有了上述的标准格式，就可以品评水果及蔬菜的规格和质量，诸如色泽、成熟度、机械损伤、病虫害以及包装恰当与否。

这里需要指出的是，欧美和日韩的“有机农产品”的标准不同。欧美国家规定，“有机农产品”是指在3年以上不施用化肥和农药的耕地上生产的农产品。日本和韩国规定，“有机农产品”是指在不污染土地、水质等环境的条件下生产的农产品。后者较适合我国人多地少的情况。由此可见，现代农业不是化学农业，而是有机农业或生态农业。

七、农产品运输

1. 农产品运输的职能

农产品运输，是指使用各种运输工具与设备，通过各种运输方式，使农产品实现空间位置的转移。

农产品运输职能如下。

（1）及时、省时运输。由于农产品的使用价值具有一定的时效性，特别是鲜活农产品易于腐烂变质，要求及时运输，并尽可能节省运输时间。

（2）安全运输。对于农产品的分类包装和装卸，要有防止在运输途中遭受损失的安全措施。

（3）经济运输。从产区运输到销区，尽可能缩短运输里程。

2. 农产品运输方式

农产品运输方式，是指使用不同的设备和运载工具所进行的各种运输，如铁路运输、公路运输、水路运输、空中运输等。

铁路运输，是指大宗农产品需要火车长途运输。

公路运输，主要是指汽车运输。

水路运输，是指用船舶作为运输工具，在内河、湖泊或海洋航道上运输农产品。

空中运输，主要是指鲜活海产品的飞机运输。

上述运输方式可以单用或者兼用。

3. 农产品合理运输

农产品的合理运输应满足如下要求：①运输的环节求少；②运输的时间求短；③运输的农产品求全（减少损耗）；④运输路线求直；⑤农产品流转求速；⑥运输费用求省；⑦农产品装卸求文明；⑧农产品供应市场求及时。

八、农产品国际贸易

（一）国际贸易特点

国际贸易，是指世界各国之间的商品交易。国际贸易的特点如下。

（1）国际贸易虽然属于经济范畴，但一般与国家的政治领域是相呼应的。

（2）因各国法令、政策和商业习惯不同，故国际贸易中容易发生纠纷。

（3）因交易双方的国度不同，故在交易中彼此对信用不易掌握。

（4）因国际贸易涉及两种或两种以上货币，故常发生保险和汇兑问题。

（5）因交易双方使用的文字不同，故双方买卖的契约较难订立。

（二）国际贸易交易方法

国际贸易的交易方法包括成交方法、定价方法和支付方法。

1. 成交方法

从如何达成交易的角度区分，成交方法有如下几种。

（1）直接磋商成交。一般是以买方询价开始，接着是卖方发价，买方还价，最后买方或卖方接受对方的价格，达成交易。

（2）商品交易所的成交方法。商品交易所是一种特殊市场，任何商品都可以在交易所进行买卖。在商品交易所进行买卖，没有什么磋商的问题，只能按照所在国的法规和标准合同来进行。标准合同，指商品交易所准备好的书面契约。它不仅规定商品的品级，而且规定每个合同的交易数量。

(3) 拍卖。拍卖是另一种特殊市场。它是在规定的时间和地点，通过公平竞购的方法，把现货卖给出价最高的买主。

(4) 招标。招标是一种不经过磋商而按照一方规定的条件，公开征求应征人进行交易的一种方法。

2. 定价方法

国与国之间有一定距离，所以国际贸易与运输是连在一起的。农产品交易一般都采用海运。常用的定价方法如下。

(1) 离岸价格（FOB）。离岸价格或称船上交货价格，即卖方只负责支付将货物送到港口码头的费用。

(2) 货物加保险和运费价格（CIF）。实际上就是离岸价格加上保险费和运费。

(3) 货物加运费价格（C&F）。货款加运费价格或称成本加运费价格。其特点是由买方自行投保并支付保险费。

3. 支付方法

支付方法可从支付工具、支付方式和支付时间角度分析：

(1) 支付工具，包括货币和汇票。

(2) 支付方式，包括汇付、托收和信用证。

(3) 支付时间，包括预付货款、分期付款和近期付款。

九、农产品流通信息化

农产品流通信息化的主要内容包括：农产品市场交易信息化、农产品营销推广信息化、农业物流信息化和农业服务信息化。农民专业合作社应积极响应政府的号召，“启动农村流通设施和农产品批发市场信息化提升工程，加强农产品电子商务平台建设，加快清除农产品市场壁垒”。

第三节　农民专业合作社工业品购买事业

一、工业品购买事业的必要性

农户对工业品的需求，是由农业生产的市场化、产业化决定的。一般来说，随着农业生产的市场化、产业化，农户需要越来越多、越来越好的工业品，但农民个人购买这些工业品时，其市场交涉能力远不如工业生产厂商。这是因为，工业品生产不像农产品生产，一般都是由少数厂商垄断。所以，农民只能按卖方价购买，没有讨价余地。

然而，如果农民联合起来，通过合作社，统一购买工业品，情形则大不相同。工业品厂商不仅可能降低销售价，甚至可能负担运费等。如果合作社直接从厂家批量购买，还可以把原由批发商占有的商业利润，转归合作社及其社员所有。这就是合作社统一购买工业品的利益所在。

二、工业品购买事业的特点

除具有一般商业流通职能外，农民专业合作社工业品购买事业具有如下特点。

(1) 增大社员的非农收益，即社员通过合作社系统购买工业品，可以节省流通费用，提高流通效益，并以分红方式获得农村工业品流通领域的收益。

(2) 降低农用工业品的批发价水平，即合作社工业品采购部门一般直接从厂家批量购买工业品，其批发价通常低于其他批发商，所以能降低整个农用工业品的批发价水平。

(3) 稳定农用工业品的零售价水平，即合作社工业品零售部门一般按低于市场价供应工业品，因而可以稳定整个农用工业品的零售价水平。

（4）提高社员的生产力水平和生活水平，即合作社经营的各种工业品，一般都与社员的生产经营和生活消费相适应，所以可以提高社员的生产力水平和生活水平。

三、工业品购买事业的基本原则

为了充分发挥工业品购买事业的职能，合作社工业品购买事业应遵循如下原则。

（1）计划购买原则，是指合作社根据社员年初提出的购买计划购买工业品。这种计划购买的特点是：由于有充裕的采购时间，合作社可选购物美价廉的工业品，满足社员生产和生活的需要。

（2）委托购买原则，是指合作社受社员委托购买工业品。这种委托购买一般是无条件的委托购买，即工业品的价格、质量、采购时间等均由合作社自行决定。这有利于合作社与厂商协商购买事宜。

（3）按成本价供应原则，是指合作社将工业品按采购成本价供应给社员。这可保证社员以低于市场价的价格购买工业品，减轻社员的经济负担。

四、工业品购买事业的促进方式

合作社工业品购买事业的促进方式包括单独购买与系统购买，委托购买与一般购买，以及选优购买与嘱托购买。

（1）单独购买与系统购买方式。单独购买方式，是指合作社按社员的要求统一购买工业品。其流通渠道是：社员—合作社—社员。系统购买方式，是指联合社按基层社的要求统一购买工业品。其流通渠道是：基层社—联合社—基层社。

（2）委托购买与一般购买方式。委托购买方式，是指合作社受社员委托而购买工业品。一般购买方式，是指合作社按自己的需要购买工业品。若发生亏损，由合作社负担。当某种工业品将涨价或脱销时，合作社往往采用这种购买方式，以保证社员的利益不受损失。

(3) 选优购买与嘱托购买方式。选优购买方式，是指合作社选购优质工业品供应给社员。这种方式主要适用于新工业品的购买。嘱托购买方式，是指基层社受联合社或政府的嘱托而购买工业品。合作社经营的化肥等采用这种方式购进。此时工业品的品种、规格、数量、价格、供应方式等均由嘱托者决定。合作社不必筹集流通资金，也无责任负担亏损，但合作社须将经营状况及时向嘱托者报告。

五、工业品购买事业的对象

工业品购买事业的主要对象如下。

(1) 农用生产资料，主要包括化肥、农药、农膜、农机具，以及其他一般农用物资。

(2) 农民生活资料，1999 年国务院下发的《关于解决当前供销合作社几个突出问题的通知》明确规定：“供销合作社要发挥连接城乡市场的优势，利用现有的城镇网点设施，办好消费合作社。”农民专业合作社，应根据农村消费结构和农民消费水平，大力发展消费合作。这方面的合作事业潜力甚大。

第四节　农民专业合作社农产品加工及工业生产事业

一、农产品加工及工业生产事业的意义

马克思、恩格斯认为，农村与城市、农民与工人、体力劳动与脑力劳动之间的差别，随着社会生产力的发展而逐步被消灭，且其关键在于第二、第三产业和人口在全国城乡的均衡分布。农民专业合作社根基于农村，发展农产品加工及农村工业，

可以促进农业剩余劳力就业，增加农民非农收入，开发利用非农地资源，加快农村的城市化速度。这里，农民专业合作社较城市工业企业具有市场竞争优势，如就地取材，节省成本。进城打工的农民工返乡创办工业和服务企业就是例证。

二、农村工业的结构与特点

1. 农村工业结构

农村工业在我国亦称乡镇工业。乡镇工业的范围可确定为：①镇（含县城所在地的镇）办工业；②乡办工业；③村办工业；④组（相当于合作小组的村）办工业；⑤乡村农、工、商联合体工业；⑥以乡镇为主的联营工业；⑦3 户以上联办工业；⑧个体工业；⑨私营工业；⑩外资工业（含合资、合作工业）。

2. 农村工业特点

农村工业的特点主要表现在：

（1）农村工业具有二重性。一方面，它是以工业劳动方式从事工业品生产，因此它本质上属于工业经济范畴；另一方面，农村工业又是首先从农业出发并归属于农业，因而它又属于农业经济中农、工、商综合经营的组成部分。从这个意义上说，农村工业又属于农业经济范畴，如农产品的加工业。

（2）农村工业具有顽强的生命力。农村工业企业小型分散，设备通用，及时适应变化了的外界情况，因而具有顽强的市场竞争能力。

（3）农村工业具有地方性。由于农村合作工业的生产资料（主要是土地）归村所有，所以有向村缴纳利润的义务。这些利润就成了全村居民收入的组成部分，也是农村自筹建设资金的重要来源。

三、农村工业分类

按行业区分，可把我国目前农村工业分为下列类型。

1. 食品工业

食品工业是对农、林、牧、副、渔业等部门生产的产品进行加工制造，以获得商品的工业生产部门，细分为10类：①制糖工业；②发酵工业；③粮油加工业；④罐头食品加工业；⑤烟草工业；⑥饮料工业；⑦调味品工业；⑧屠宰工业；⑨食品冷藏工业；⑩食品加工废料利用工业。

2. 饲料工业

饲料工业是提供畜禽所需的营养而无毒害的物质生产部门，一般包括植物性饲料加工、动物性饲料加工、矿物质饲料加工业等。

3. 轻纺工业

轻纺工业是用棉、麻、丝、毛等天然纤维和化学纤维加工成各种纱、丝、线、绳、织物及其印染制品的工业部门，按生产工艺可分为纺纱工业、印染工业、针织工业、纺织品复制工业等，按原料性质可分为棉纺工业、麻纺工业、丝纺工业、毛纺工业、化学纤维工业等。

目前，属于轻工业部门管理的还有皮革、造纸、日用化工、玻璃、家用电器、陶瓷、服装、家具等行业。

4. 机械工业

农村机械工业主要包括农机工业、轻工机械、仪器仪表工业等。

5. 建材工业

建材工业是为基本建设和国民经济各部门提供建筑材料、非金属矿产品及其制品的工业部门，按产品性质可分为普通建筑材料（如水泥）工业、非金属矿及制品（如石棉）工业、各种新型非金属材料（如玻璃纤维）工业。

6. 能源工业

能源工业是为国民经济各部门和人民生活提供各种能量的工业部门，主要包括煤炭、石油、天然气、电力、水力、风力、原子能、太阳能和地球内部热能等工业部门。

7. 采矿冶金工业

采矿冶金工业是指开采、精选、烧结金属矿石以及冶炼、轧制成材的工业部门，包括黑色冶金工业和有色冶金工业。

8. 化学工业

化学工业是利用化学反应改变物质结构成分、形态等生产化学产品的工业部门。农村化学工业主要有直接支援农业的化工产品，如化肥、农药等；直接支援轻工市场的化工产品，如塑料、化纤等。

9. 森林工业

森林工业是从事木材采伐、运输以及木材粗加工的工业部门。林产品加工是农村工业中大有前途的一个加工工业部门。

10. 造纸工业和包装工业

纸张的品种有很多，有文化出版用纸、工业用纸、包装用纸、卫生纸等。造纸工业与包装行业有密切关系，因为包装行业的产品（纸箱、纸盒、纸袋等）大多需要以纸张为原材料，靠造纸部门来供应。

11. 手工业

手工业是依靠手工劳动，使用简单工具的小规模的工业生产。手工业分布于城乡。工艺美术的生产适宜于手工操作。

第七章　农民专业合作社金融事业管理

金融是各种货币资金运动和信用、保险、信托活动的总称。本章研究农民专业合作社金融事业。

第一节　农村金融的特性与分类

一、农村金融的特性

现阶段农村金融大多与农业有关，所以它具有如下特性。

(1) 资金规模较小。这是由我国农户的小规模经营性质决定的。随着农户经营规模的扩大，农业金融规模也将会扩大，但是农业金融与非农产业相比，仍然需要相对较小的资本投入。这决定了农业金融交易需要较多费用。

(2) 资金利用的混合性。现在我国农户既是农业经营单位，又是生活消费单位。因此，农户借入的资金既可用于生产目的，也可用于生活目的。现实中，有的农业贷款是用于生活消费的，所以农业贷款的还本付息环节很重要。

(3) 农业金融的风险较大。在当今的科学技术水平下，农业生产尚未摆脱自然条件的制约，所以农业生产具有一定的不确定性。这是有的金融机构不愿意办理农业贷款的原因之一。

(4) 农村金融具有季节性。这是由农业生产的季节性决定的。

(5) 农业金融一般表现为信用金融。由于农户需要的资金规模不大，加上农户的担保力弱，农业金融一般属于信用金融。

（6）资金周转慢、收益率低。农业的自然再生产过程决定了农业资金周转慢。加之，办理小规模贷款所需的费用多，农业金融的收益率低。

二、农村金融的分类

农村金融可按一定标志加以分类。

1. 按资金使用目的分类

按资金使用目的可分为生产金融与非生产金融。生产金融是指用于购买化肥、农药等农用资料的资金。非生产金融是指用于生活费用的资金。

2. 按资金使用期限分类

按资金使用期限可分为短期金融与中、长期金融。短期金融是指以使用 1 年为条件而取得的贷款。中期金融是指以使用 2 年以上 5 年以下为条件而取得的贷款。长期金融是指 5 年以上的贷款。

3. 按资金市场分类

按资金市场可分为制度金融和私人金融。制度金融，是指从商业银行和信用合作社得到的贷款。私人金融是指从个人手里得到的借款。

4. 按资金来源分类

按资金来源可分为合作金融和政策金融。合作金融是指从信用合作社得到的贷款。政策金融是指政府为达到特定政策目的而发放的贷款。

5. 按有无担保分类

按有无担保可分为担保金融与信用金融。担保金融，是指金融机构以一定形式的担保为条件而发放的贷款。信用金融，是指以人格信誉为条件而发放的贷款。

第二节　金融机构体系

金融机构分为银行金融机构与非银行金融机构。

一、银行金融机构

银行金融机构包括中央银行、政策性银行和商业银行。

（一）中央银行

1. 中央银行的起源与成立

中央银行起源于19世纪的英国。19世纪前半期，随着商品流通的不断扩大，货币信用业务也大量增加。与此相适应，银行的数目也不断增加。这一方面促进了社会经济的发展，另一方面也带来了不少问题。比如，一些银行发行的银行券超过了它们的兑现能力，引起银行破产和信用纠纷，给社会带来很大混乱。因此，迫切需要一个专门的机构加以协调、解决。这样，各国先后成立了中央银行，专门行使最后贷款人、清算中心以及金融管理的职能。

世界各国中央银行的成立有二种方式：一种是由私人银行演变而成的中央银行，如世界上第一家中央银行——英格兰银行；另一种是自成立之日起就是中央银行，如美国联邦储备委员会。

中国人民银行是我国的中央银行，成立于1948年12月1日。

2. 中央银行的特征

中央银行是一国金融体系的核心，具有如下特征。

（1）中央银行是发行货币的银行。中央银行拥有发行银行券（钞票、硬币）的特权。它发行的银行券是一种用国家信用担保的货币，是国家规定的法定支付手段和流通手段。

（2）中央银行是银行的银行。中央银行只同金融机构发生资金往来关系，不直接同非金融机构发生存、贷款等业务关系。

（3）中央银行是政府的银行。中央银行代理国库业务，经办政府财政收支，代理政府发行债券；代理政府买卖黄金、外汇，管理国家的黄金和外汇储备；在国际交往中，中央银行代表国家与外国金融机构和国际金融组织建立业务关系，参加国际金融活动。

3. 中央银行的职能

中央银行的主要职能包括以下几点。

（1）宏观调控职能。中央银行根据经济发展状况，制定相应的货币政策目标，运用货币政策工具，对全国货币、信用活动进行调控。

（2）金融监管职能。中央银行作为金融业的管理部门，依法对金融机构的设立、业务活动及金融市场上的交易活动进行监督和管理。

（3）金融服务职能。中央银行为金融机构和政府提供各种形式的服务，如货币发行、代理国库、调查统计、支付清算等。

4. 中央银行的货币政策

货币政策是中央银行为实现宏观经济目标而采用各种工具调节货币供应和需求，进而影响宏观经济的方针和政策的总称，是国家宏观经济政策的重要组成部分。中国人民银行可使用的货币政策工具主要有存款准备金制度、利率政策、再贴现政策、中央银行贷款、公开市场业务等。

（二）政策性银行

1994 年，我国先后组建了国家开发银行、中国进出口银行和中国农业发展银行 3 家政策性银行。

1. 政策性银行的特征

政策性银行的主要特征如下。

（1）资本金由国家政府全额出资或参股，运营资金通过向政府借款，发行政府担保金融债券等方式筹集。

（2）不以营利为目的。

（3）具有特定的业务领域和对象。

（4）有独自的法律依据。

2. 政策性银行的种类

政策性银行的专业类型一般有以下几点。

（1）支持重点产业发展和新型产业开发方面的专业银行。

（2）支持农业方面的专业银行。

（3）支持进、出口和对外投资方面的专业银行。

（4）支持住房方面的专业银行。

（5）支持中、小企业发展的专业银行。

3. 中国农业发展银行

中国农业发展银行成立于 1994 年 4 月，注册资本金为 200 亿元人民币，是实行独立核算、自主保本经营、企业化管理的独立法人。

（1）资金来源。资金来源于中国人民银行贷款，发行政策性金融债券，粮、棉、油收购企业单位的存款、财政支援资金，以及境外筹资。

（2）贷款范围。贷款范围是：办理国务院确定的中国人民银行安排资金，并由财政部予以贴息的粮、棉、油、肉、食糖等主要农副产品的国家专项储备贷款；办理粮、棉、油、肉等农副产品的收购贷款及粮、油调销、批发贷款；办理承担国家粮、油等产品政策性加工企业的贷款，以及棉麻系统棉花初加工企业的贷款；办理国务院确定的扶贫贴息贷款、老少边穷地区发展经济贷款、贫困县县办工业贷款、农业综合开发贷款，以及其他财政贴息的生产方面的贷款；办理国家确定的小型农、林、牧、水利基本建设和技术改造贷款。

（三）商业银行

商业银行是依法设立的吸收公众存款、发放贷款、办理结算等业务的企业法人。营利是它的主要经营目标之一。它是金融体系中最重要的组成部分。

截至2012年8月，全国共有工商银行等5家国有商业银行、中信银行等12家股份制商业银行、由城市信用社更名的90家城市商业银行和邮政储蓄银行。商业银行性农村金融机构包括：一是农村信用社，有些更名为农村商业（合作）银行；二是村镇银行，截至2011年，全国共有536家；三是社区性信用合作组织；四是专营贷款业务的子公司，由商业银行设立。另外，截至2010年年末，共有40家在华外资银行。

商业银行的基本职能是：信用中介，即吸收存款，发放贷款，在资金借贷中充当中介人的角色；支付中介，即为客户保管、出纳和代理支付货币的功能；信用创造，即当初的一笔原始存款在银行体系中形成数倍的派生存款；金融服务，如为客户代发工资、催收贷款等。

二、非银行金融机构

非银行金融机构，是指从事金融业务的非银行金融企业。它是国家金融体系的重要组成部分。在我国，目前非银行金融机构主要包括保险公司、金融信托投资公司、证券公司、企业集团财务公司、金融租赁公司等。

1. 保险公司

截至2011年年末，全国共有保险机构116家，其中7家在境内外上市。

2. 金融信托投资公司

金融信托投资公司，又称信托投资公司，是指以受托人的地位，按照委托人的要求，替委托人管理运用资金，以取得收益的金融企业。

3. 证券公司

证券公司是专门经营证券业务的金融机构。其经营的业务有代理证券发行业务，自营、代理证券买卖业务，代理证券还本付息和红利的支付。

4. 企业集团财务公司

企业集团财务公司由企业集团组建，是独立的企业法人。其资本金从企业集团的成员单位筹集，本着自主经营、自担风险、自负盈亏、自我约束的原则开发业务。

截至 2011 年年底，全国共有企业集团财务公司 107 家。

5. 其他非银行金融机构

除了上述非银行金融机构以外，还有典当行、金融性质的基金会、信用评级机构、信用担保公司、金融期货公司、信用卡公司、外汇交易所及金融经纪人公司等种类繁多、专业化更加突出的非银行金融机构。这些金融机构的资产规模相对较小，经营更加专业和灵活，收费相对昂贵，但仍有着相当广阔的市场需求。

第三节　农民专业合作社合作金融事业

一、合作金融事业的必要性

由于农业劳动对象是有机体，所以农业生产具有明显的季节性，即春季播种、秋季收获。与此相适应，农户需要在春季集中投放资金（如种子、化肥款），秋季又集中回收资金。在市场经济下，商业银行一般不愿意发放农业贷款，因为农民的贷款担保力弱，并且农业生产具有由自然灾害所带来的风险性。这样，农民通常不得不借高利贷，以缓解生产和生活资金的不足。

然而，如果成立农民综合合作社或农村信用社（农村资金互组社），就可以做到资金互通有无，调剂余缺。正如有的经济学家所指出的那样："农村信用社是对抗农村高利贷资本的最有力武器。"同时，农民专业合作社从事各种经济事业亦需要大量资金。这同样不可能靠商业银行贷款来筹集。

农民专业合作社的经济事业和金融事业是相辅相成的。经济事业若没有金融支援，就会寸步难行；金融事业若没有经济事业的发展，就会流失资金。由此可见，农民的生产和生活，农民专业合作社的各种经济事业，客观上都要求发展自己的合作金融。

二、合作金融事业的特征

农民合作金融事业与一般金融事业相比有自身的特征。这主要表现如下。

(1) 双重性。社员既是合作金融的存款者，又是合作金融的贷款使用者。这一合作金融所特有的双重性，要求合作社信用的存、贷款利率之差，须以补偿信用业务管理费为限。这与商业银行以追求最大利润为目的是截然不同的。

(2) 季节性。如前所述，由于农民合作金融主要为社员的农业生产和生活提供资金服务，所以存贷业务具有明显的季节性。

(3) 政策性。政府对农村的资金支援可通过农民专业合作社或农村信用社或农村资金互助社代办，因此，合作金融兼有政府的政策金融性质。

三、合作金融事业的内容

农村合作金融事业的主要内容包括：

(1) 办理结算业务。主要办理为社员的经济往来代付货款等结算业务。

(2) 购入有价证券。主要是为搞活合作金融而购买国库券等有价证券。

(3) 发行信用卡。主要是向社员和他人发行信用卡，为他们购买工业品提供方便。

(4) 经营外汇。随着我国农业的国际化，农村信用社和农民专业合作社在外汇经营方面的业务量将会扩大。

(5) 办理农、林、牧、渔业者的信用保证业务。主要表现为信用社联合社和农民专业合作社联合社为农、林、牧、渔业者贷款和清偿债务提供信用保证。

按照文件规定，农民专业合作社纳入银行业金融机构信用评定范围。它开展信用合作，必须经有关部门批准，坚持社员制封闭性、促进产业发展、对内不对外、吸股不吸储、分红不分息的原则，严禁对外吸储放贷，严禁高息揽储。笔者坚信：随着农村三次产业的发展和城乡一体化的加速，农民专业合作社的合作金融必将丰富多样，发展成为农村金融主体。

第四节 农民专业合作社政策金融事业

一、政策金融事业的必要性

政策金融事业，是指政府通过农民专业合作社、农村信用社或农村资金互助社给农民、农业和农村资金上的支援。其必要性表现如下。

(1) 政策金融是实现农业现代化的需要。农业现代化不仅是社员及其合作社的任务，而且是党和政府的历史任务。农业现代化的实现需要巨额资本。这仅靠社员及其合作社是难以筹集的。因此，需要政府给予资金支援，将农民专业合作社作为政府涉农项目的重要承担主体。

(2) 政策金融是实现农村工业化的需要。过去的工业化，偏重于城市的工业化，而忽视了农村的工业化，故现在的城乡差距较大。要加快农村工业化的步伐，需要政府给予资金支援。

(3) 政策金融是提高农民收益的需要。农民要提高其经营收益，除扩大农业经营规模外，还要努力从事非农产业。这亦需要大量资金，政府理应给予支援。

二、政策金融事业的原则

政策金融事业应坚持如下原则。

(1) 无息或低息贷款原则。我国靠农业发展了城市工业，现在理应以无息或低息贷款原则反哺农业，以使城乡经济协调地发展。

(2) 签订合同原则。国家财政支农资金的使用，应由合作社与政府签订相关合同，按合同办事。这既有利于提高支农资金的使用效率，也有利于保证合作社的自主性。

(3) 资金支援与技术、市场、信息等支援相结合的原则。若只有资金支援，而没有相应的技术、市场、信息等支援，则难以达到资金支援的目的。这方面我们的教训是沉痛的。只有把资金支援和技术、市场、信息等支援结合起来，才能达到资金支援的预期目的。

第五节 农民专业合作社保险事业

一、合作社保险的必要性与特征

1. 保险事业的必要性

一般来说，自然灾害或意外事故对全体成员是必然的，而对每一个人则是偶然的。保险公司向众多投保人收取一定的保险费，建立巨额的保险基金。当投保人因自然灾害或意外事故而发生损失时，保险公司可按保险合同予以补偿，即个别数额较大的损失由全体投保人承担。换言之，投保人只交付小额保险费，就可得到无法预料的大额损失的补偿。

然而，在市场经济条件下，保险公司作为以盈利为目的的金融企业往往不愿意办理农业保险，因为农业生产有较大的风险性。在这种情形下，农民专业合作社以“一人为万人，万人为一人”的协同精神，举办保险事业，可以保证社员生产和生活的安定。

2. 保险事业的特征

与保险公司的保险相比，农民专业合作社举办的保险事业有自身的特征。这主要表现如下。

（1）投保人受限制。保险公司的投保人以不特定的任何人为对象，但农民专业合作社保险的投保人一般限定于社员。当然，非社员经合作社许可，也可利用保险事业，但这只是特例。本质上说，只有社员才是农民专业合作社保险事业的主体。

（2）保险费低廉。保险公司有庞大的办事机构和专业人员，需要相当数额的管理费用。相比之下，合作社保险费低廉一些。

（3）保险种类农村化。一般来说，保险公司主要根据城市居民需要设置保险，故它不适合于农村保险；而农民专业合作社则是按社员的生产和生活需要设置保险种类的，如农业作物损害保险等。这可保证社员生产和生活的安定。

（4）返还性。保险公司的经营收益，归其公司独占，与投保人没有关系；而农民专业合作社保险的经营收益，以不同方式返还给投保人，即社员，如为投保社员子女发放奖学金等。简言之，农民专业合作社保险金取之于社员，用之于社员。

以上4点说明，农民专业合作社保险事业与其说是金融事业，不如说是农村社会保障事业。

二、合作社保险的分类

农民专业合作社的保险可分为农村财物保险和农业保险两大类。

1. 农村财物保险

农村财物保险包括：

（1）农村合作企业财产保险，指以合作企业的固定资产、流动资产为标的的保险。

（2）农村房屋、家庭财产保险。随着农村经济的发展，农民新建住房多了，家庭财产也多了，因此房屋财产保险越来越重要。

（3）农村机动车辆、农业机械保险。农村机动车辆保险，其保险标的为汽车、拖拉机等。农业机械保险标的包括农、林、牧、副、渔业的各种机械。

（4）农村联户船的保险，包括营业运输的机动船和非机动船。

（5）货物运输保险。以运输过程中的各种货物为保险对象的保险。

2. 农业保险

按保险对象划分，农业保险分为农作物保险、收获期农作物保险、森林保险、牲畜保险、畜禽保险、经济林苗圃保险、水产养殖保险、其他养殖保险等。

三、合作社保险的主要内容

（一）种植类保险

1. 生长期农作物保险

我国农作物面临的主要灾害分为两种：因自然气候原因而

引起的自然灾害和因病虫草危害而引起的自然灾害。因自然气候原因而引起的自然灾害包括：①干旱；②水灾与涝灾；③冰雹；④干热风；⑤霜冻。因病虫草危害而引起的自然灾害包括：①病害，有500余种；②虫害，有700余种；③草害，有70余种。

2. 收获期农作物保险

收获期农作物保险，是指农作物从开始收割（采摘）时起到完成初级加工进入仓库之前这一期间的保险。该保险介于农业保险和家庭财产保险之间，是一种短期风险保险。

按保险责任，收获期农作物保险分为两种承保方式：单项保险责任和综合保险责任。

（二）养殖类保险

1. 牲畜保险

其保险标的有牛、马、骡、驴、骆驼等役用畜；乳用畜，如奶牛；肉用畜，如肉牛（菜牛）；种用畜等。

2. 家畜保险

其保险标的有猪、羊、兔等。

3. 家禽保险

其保险标的有鸡、鸭、鹅、鸽、火鸡、鹌鹑、鸵鸟等。

4. 水产养殖业保险

其保险标的，是指商品性养殖的各种水产品，如鱼、虾、对虾、螃蟹、扇贝、蚌珠、海带等。

5. 其他养殖业保险

包括经济动物保险、养蜂保险、养蚕保险等。

（三）林木保险

林木保险分为森林保险和经济林（园林、苗圃）保险。

1. 森林保险

森林里的多年生植物，其生长过程具有周期长、效益广、风险大、灾害多等特点。森林保险的标的是生长着的各种林木(必须是以公顷或以株为单位)、砍伐后尚未集中存放的原木，以及竹林等。

2. 经济林（园林、苗圃）保险

经济林大致分为山上、山下两大类。山上类，主要是指干果、粮油类等。山下类，如苹果、柑橘等。经济林保险的标的是：凡是生长着的各种经济林木，以及这些林木所生长的具有经济使用价值的果、叶、花、汁、皮等林副产品，可供观赏和美化环境的珍奇名贵树木以及盆景树苗等。

四、保险事业的经营方式

为了充分发挥合作社保险事业对农村社会保障的作用，农民专业合作社应根据所经营的险种、承保的对象，以及保险的责任范围和分散危险的要求，采取法定和自愿相结合的经营方式。

1. 采取法定方式的险种

采取法定方式的险种主要包括：

(1) 涉及第三者利益的险种，比如农村机动车、船的第三者责任保险，建筑行业的公众安全保险，乘客意外伤害保险等。由于这些保险种类关系到整个社会的安全，故应以法定方式强制经营者参加保险。

(2) 涉及社会福利性质的险种。比如，社员、职员的养老金保险、医疗保险及工作中人身意外伤害保险等。

(3) 一些承保较大灾害、要求在大范围内分散危险、便于稳定核算盈亏的险种等。

2. 采取自愿方式的险种

采取自愿方式的险种主要包括：

(1) 对一些只涉及集体和个人本身的财产和经济利益的险种。

(2) 有些债务关系中，债权方要求债务方给予保险保护的险种，如金融机构所放贷款要求借款人提供保险单，否则不予贷款。又如在工商活动、交易中，一方提供保险单以后，合同、协议方生效的，也属于自愿保险性质。

第六节　农民专业合作社信托事业

如前所述，现代金融是信用、保险和信托的总称。因此，农民专业合作社金融事业理应包括信托事业。

一、信托的概念与构成要素

信托起源于英国，至今已有几个世纪的历史。在这漫长的发展历程中，随着信托业务的扩大，出现了多种信托的定义。

1. 信托的定义

《中华人民共和国信托法》（2001 年公布）将信托定义为："信托是指委托人基于对受托人的信任，将其财产权委托给受托人，由受托人按委托人的意愿以自己的名义，为受益人的利益或者特定目的，进行管理或者处分的行为。"详见信托关系示意图（图 7-1）。

上述的信托定义包含以下 4 层含义。

(1) 委托人对受托人的信任是信托关系成立的前提。一般地，受托人是委托人信任的亲友、知名人士或具有专业理财经验的法人等。委托人对受托人的信任表现在：一是对受托人的诚信；二是对受托人承托能力的确信。

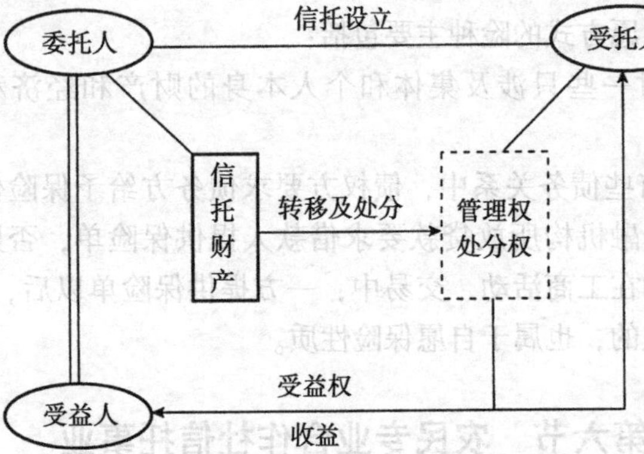

图 7-1　信托关系示意

（2）信托财产是设立信托的基础。若没有具体的信托财产，信托就无法成立。所以，在受托人的基础上，委托人必须将其财产权委托给受托人。

（3）受托人以自己的名义管理、处分信托财产是信托的特征。受托人接受信托财产后，由于委托人没有控制权，所以受托人完全以自己的名义对信托财产进行管理和处分。

（4）受托人以自己的名义管理、处分信托财产的条件。受托人以自己的名义管理、处分信托财产必须满足 2 个条件：一是受托人必须按照委托人的意愿管理、处分信托财产；二是受托人管理、处分信托财产的目的是为了受益人的利益。

2. 信托构成要素

（1）信托行为。信托行为是指以信托为目的的法律行为。信托契约（信托关系文件）是信托行为的依据。信托行为的发生必须由委托人和受托人签订信托契约。

（2）信托主体。信托主体包括委托人、受托人和受益人。委托人是信托的创立者，应是具有完全民事行为能力的自然人、法人或依法成立的其他组织。受托人应是具有完全民事行为能力的自然人或法人。受托人有恪尽职守，履行诚实、信用、谨慎、有效管理的义务。受益人是在信托中享有信托受益权的人，可以是自然人、法人或未出生的胎儿。

（3）信托客体。信托客体是指信托财产。它是受托人承诺信托而获得的财产。受托人管理、处分该财产而获得的财产，被称为信托收益。信托财产和信托收益是广义的信托财产。信托财产必须具有独立性。

二、信托的职能和作用

1. 信托的职能

信托的基本职能是财产管理职能。它是指受托人受委托人委托，为委托人处理各种财产事物的职能。如贷款信托、投资信托、公司债信托、动产与不动产信托、遗嘱与遗产信托等均属于专业信托职能的范畴。

信托的派生职能包括：①金融职能。信托财产大多表现为货币的形态，所以派生出金融职能，特别是中、长期融资功能。②协调经济关系职能，是指一种处理与协调经济关系，提供信任与咨询经济事务的职能。③社会投资职能，是指信托机构运用信托业务手段参与社会投资行为所产生的职能。④为社会公益事业服务职能，是指信托业可以为捐款者或资助社会公益事业的委托人服务，以实现其特定目的的功能，如公益信托。

2. 信托的作用

信托的作用是信托职能发挥的结果。我国信托业发挥的作用如下：满足了各种社会组织对财产管理服务的需要；聚集资金，为经济服务；促进开展对外经济技术交流；金融体系的完善与发展；信托制度构筑社会信用体系。

三、信托分类

1. 按信托的目的分类

按信托的目的可分为民事信托和商事信托。民事信托，是指以民法为依据建立的信托。商事信托，是指以商法为依据建立的信托。它涉及经济管理关系，已是信托的主要业务。

2. 按信托财产形式分类

按信托财产形式可分为实物信托和金融信托。实物信托，是指具有特定使用价值的有形物品的信托。金融信托，是指以货币或有价证券为信托物的信托。

3. 按信托所托的标的物分类

按信托所托的标的物可分为资金信托和财产信托。资金信托，是指信托公司把委托人的资金按其意愿，以自己的名义管理、运用和处分的行为。目前，资金信托所占比重最大，运用最为广泛。财产信托，是指信托公司把委托人的动产、不动产、版权、知识产权等非货币形式的财产、财产权按其意愿，以自己的名义管理、处分的行为。不动产信托是历史最悠久的信托业务。

4. 按委托人的主体地位分类

按委托人的主体地位可分为个人信托、法人信托、个人与法人通用信托和共同信托。个人信托，是指以个人为服务对象的信托，且委托人和受益人均为个人。法人信托，又称“公司信托”“团体信托”，包括营利法人团体（如公司组织）和公益法人团体（如学术团体）。共同信托，是指某项信托财产为几个人所共有，共同提出设立信托。个人与法人通用信托，是指委托人既有个人，也有法人的信托。

5. 按信托收益对象分类

按信托收益对象可分为私益信托和公益信托。私益信托，是指委托人为自己、亲属、朋友或其他特定个人的利益而设立的信托。公益信托，是指委托人为了不特定的社会公众的利益或社会公众利益而设立的信托。

6. 按委托人与受托人的关系分类

按委托人与受托人关系可分为自益信托、他益信托和宣示信托。自益信托，是指以自己为唯一受益人的信托。他益信托，是指以为第三者的收益而设立的信托。宣示信托，是指财产所有人以宣布自己为该项财产受托人的方式而设立的信托。

7. 按信托关系建立的法律依据分类

按信托关系建立的法律依据可划分为任意信托、推定信托和法定信托。任意信托，是指以委托人、受托人、受益人的自由意思表示为依据而设立的信托。推定信托，是指由法院根据信托关系人的来往书信等而推定的信托。法定信托，是指依法律的规定来推测当事人的意思所发生的信托。

四、信托机构

在我国，信托机构是指依照《中华人民共和国公司法》和《信托投资公司管理办法》设立的主要经营信托业务的信托公司。它属于非银行金融机构。其经营原则是诚实、信用、谨慎、有效。

信托公司组织制度详见图 7-2。

在韩国，农协银行专门办理农民信托业务。在我国，农民专业合作社是农民社员之家，为农民社员提供经济、金融、社会多项事业的综合服务，帮助农民发财致富。所以，农民专业合作社应积极开展信托合作，如农民不动产（土地流转）信托大有潜能。

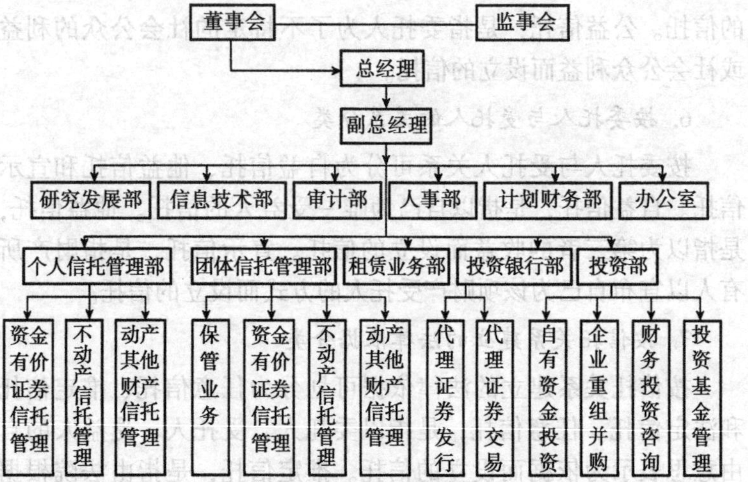

图 7–2 信托公司综合分类的组织设置

第八章　农民专业合作社社会事业管理

本章研究农民专业合作社的农村社会事业，主要包括农村教育事业、农村医疗事业和农村福利事业。

第一节　农民专业合作社教育、指导、研究、协作事业

一、农村教育事业

（一）教育事业的必要性

如前所述，作为人格的集合体，合作社能否持续、健康地发展，主要取决于社员是否积极参与合作社的运营。这就需要合作社加强对社员的教育，使他们真正树立“我的合作社”的主人观。发展中国家的农民由于文化水平较低，更需要这方面的教育。

另外，合作社职员是被合作社聘用的。他们负责办理合作社各项事业的具体业务。合作社职员的道德和业务水平，直接关系到合作社经营的盈亏。这就需要合作社加强对职员的教育，使他们真正树立“社员至上”的服务观。

社员的主人观和职员的服务观，是合作社运营的精神动力。因此，合作社教育事业对合作社的生存和发展至关重要。

为了提高社员的合作社知识水平，合作社职员可就下列问题进行个别调查。

(1) 社员是否了解自己所属合作社的特点、目的，是否了

解合作社提供服务的利益与限度?

(2) 社员是否熟悉合作社的组织结构和运营方式，是否了解理事怎样反映社员意见?

(3) 社员是否了解合作社的财务状况、资本筹集、清偿债务等?

(4) 社员是否理解合作社的历史和背景?

(5) 社员是否了解合作社的多种教育项目，是否熟悉如何取得有关合作社的信息?

(6) 社员是否理解合作社事业环境，是否理解对合作社有影响的政策规定?

合作社教育事业是需要大量资金的。除社员交纳事业经费外，政府往往给予必要的资金支援。目前，政府在这方面的投人太少，理应加大资金投入，以保障农民专业合作社教育事业快速发展。

(二) 教育事业的内容

教育事业的主要内容可分为对社员和职员的教育两方面。

1. 对社员的教育

对社员的教育内容大体包括：

(1) 文化教育。我国农民的文化水平较低，至今尚有一些文盲，所以文化教育是相当必要的。对文盲农民而言，通过若干年教育，使他们达到九年义务教育的水平是完全有可能的。这有利于建设学习型农村社会。

(2) 技术教育。由于我国农业总体上处于由传统农业向现代农业过渡的阶段，所以提高农民社员的农业技术水平是重中之重。

通过各种形式的教育，使农民掌握现代农业的一两项实用技术是合作社义不容辞的责任。

(3) 经营管理教育。传统农业向现代农业的转化，要求农民提高农业经营管理水平。通过教育，力争把农民培养成为现代农业企业家。只有这样，才能使农民家庭承包制在日益激烈的农产品市场竞争中站稳脚跟，不断扩大务农收益。

(4) 思想教育。“我为人人，人人为我”。这是合作社的基本理念之一。应教育社员提高认识，互利互助，积极通过合作社的各种事业，发展壮大合作社及其社员的经济。

2. 对职员的教育

对职员的教育内容大体包括：

(1) 技术教育。当今世界，农业科学技术日新月异。合作社应教育职员努力掌握最新农业技术，使他们真正成为受社员欢迎的现代农业技术专家。

(2) 经营管理教育。与股份公司相比，合作社的经营管理有自身的特性，所以应教育职员真正弄清这些特性，找准合作社和社员利益的均衡点，不断提高合作社的经营管理水平。

(3) 思想教育。前面讲过，职员是被合作社聘用的，所以应教育职员，使他们想社员之所想，急社员之所急，做到“权为民用，利为民谋，事为民干”。

(4) 法规教育。合作社有章程和业务规章，所以应教育职员遵纪守法，严格按章办事，维护社员权益。

(三) 教育事业的方式

合作社教育不同于学校教育，属于社会教育的范畴，所以应采取各种教育方式，加强对社员和职员的教育。其主要方式大体包括：

(1) 合作社大学教育。发达国家一般都开办类似于我国普通高校的“合作社大学（学院）”，专门培养高素质的合作社经营管理人才，如韩国农协大学。我国应借鉴这一成功的教育方式。

(2) 自学教育。自学教育的一般做法是，合作社为社员和职员制订自学计划，并提供必要的图书资料，鼓励他们自学成才。

(3) 进修教育。合作社有计划地组织骨干社员和职员到大学、科研部门进修学习，包括海外研修。

(4) 委托教育。合作社委托大学或科研部门，为自己培训青年社员和职员。

(5) 远程教育。合作社利用计算机网络技术指导社员和职员的学习。这是投入少、见效快的现代教育方式。

(6) 业务能力考试。合作社定期对社员和职员实施业务能力考试，并对合格者给予必要的奖励。

二、农村指导事业

指导事业，是指合作社对社员的生产经营和生活消费的指导活动。

(一) 指导事业的必要性

一般来说，受文化、经济、社会发展的限制，农民在经营管理、农业技术等方面的能力不如股份公司，但是为了生存和发展，农民又必须与股份公司进行竞争。在这种情形下，若只靠单个农民的力量，势必在竞争中被淘汰。这就要求合作社对社员的生产经营活动给予指导。

另外，随着农村居民消费水平的提高，农民亦随之消费更多、更好、更新的日用工业品。这也需要合作社对社员的生活消费给予指导，以提高他们的消费效益。

这里需要指出的是，合作社对社员的生产经营指导和生活消费指导均不得干涉社员的生产经营自主权和生活消费自律权。

(二) 指导事业的内容

合作社指导事业内容大体包括：

1. 对社员农业生产经营的指导

对社员农业生产经营的指导内容包括：

(1) 集体土地的发包和承包。集体土地使用权的发包和承包是新型农业合作生产的起点。这里主要解决好土地发包和承包方的法律地位。土地发包方的义务是，保障土地承包方的法律地位、土地经营权流转，鼓励发展以种植大户为核心的适度规模化经营等。土地承包方的义务是，保证农业用地、生产优质农产品、改善农业环境。

(2) 就业服务。现在我国农村存在失业人口。合作社如何使他们就业是难题。对策无非有 2 条：一是通过发展农业多种经营和乡镇企业，就地消化农村失业人口；二是鼓励社员外出打工（含劳务出口），发展劳务经济。对提供农村就业岗位、吸纳农村失业人口就业的合作社，政府应给予政策支持。

(3) 市场服务。随着农村市场经济的发展，现在农民都知道“种什么能赚钱就种什么”的道理，但农民并不知道种什么能赚钱。这就要求合作社为社员及时提供国内、外农产品市场的最新消息。

(4) 技术服务。随着农业生产结构的调整，农民逐步改变主要种植粮食作物的传统做法，而实行多种经营，如扩大种植大豆、蔬菜、中药材等。这就要求合作社为社员提供相关的现代农业技术服务。

(5) 质量服务。我国农产品具有价廉的优势，但由于生产和加工技术落后，农产品质量不过关，难以卖出好价钱。这就要求合作社加强农产品质量管理，并大力发展绿色农产品，增大农产品的出口创汇力度。

(6) 信息服务。现在是计算机网络时代，信息即商机、金钱。这就要求合作社尽早实现经营管理的信息化。这是少投入、高产出的农民合作事业。

(7) 资金服务。现代农业离不开工业品的投入。这就要求合作社尽可能为社员提供低息或无息贷款，支援社员解决发展现代农业资金不足的问题。金融是现代农业的命脉。

（8）减轻负担。在费改税的基础上，合作社要尽可能减少管理费用，继续减轻社员的经济负担。

2. 对社员生活消费的指导

对社员生活消费的指导内容大体包括：

（1）食品消费。目前我国的恩格尔系数表明，我国居民食品消费不再仅仅是为了吃饱，而是为了吃出健康和长寿。因此，合作社应该通过普及食品卫生知识，改善社员的食品结构，提高食品消费效益。

（2）家电用品消费。现在，多数农户都购买了电视、冰箱、洗衣机等家电产品。可以说，随着农民家庭实现全面小康，农民对家电产品的需求量日趋增大。因此，合作社应结合家电产品的供应，加强与之相应的消费指导。

（3）旅游消费。理论上说，广大农民是我国旅游业的主体，但农民旅游市场尚待开发。这就要求合作社在力所能及的条件下，积极组织社员旅游。这有利于社员增长知识，开阔视野，克服保守，开拓前进。

（4）法律服务。有的社员不仅是文盲，而且是法盲。因此，合作社需要聘用法律顾问，为社员生产和生活提供法律服务。

3. 对农村青少年的指导

农村青少年，是指生活在农村的8~24岁的人。他们中的部分人既是未来农业的接班人，也是未来农民专业合作社的主人。因此，对农村青少年的指导就成为合作社指导事业的重要组成部分。

青少年不同于成年人，有其自身的特点。在城乡差别较大的情况下，农村青少年又不同于城市青少年。所以，加强对农村青少年的指导是非常必要的。

对农村青少年的指导内容大体包括：

(1) 爱国观指导。通过我国近代史的学习，教育农村青少年真正懂得国家主权的重要性，并激发他们的爱国热情，树立正确的爱国观。

(2) 村民观指导。通过城乡融合理论的教育，使农村青少年更加热爱农民，热爱农业，热爱农村，树立正确的村民观。

(3) 价值观指导。如果人人只追求自己的权利和自由，那么社会将会怎样？所以，应教育农村青少年真正认识到权利和义务、自由和责任的相互关系，树立正确的价值观。

(4) 职业观指导。人的社会生活与职业密切相关。这就需要培养农村青少年根据自己的兴趣、爱好来选择最合适职业的能力。

(5) 国际观指导。随着全球经济的一体化，国际协作日益加强。应指导农村青少年在学好母语的前提下，尽可能多掌握外国语言，促进国际协作的发展。

4. 对农村妇女的指导

农村妇女是农村社会的大半边天。加强对农村妇女的指导是非常重要的。其主要内容包括：

(1) 生活指导。在我国农村，妇女主管家人的衣、食、住、行是传统。在提倡男人料理家务的同时，应努力提高妇女的家政管理水平。

(2) 营农指导。妇女参加农业劳动是我国农村的普遍现象。在一些农村，由于各种原因，妇女劳动力人数甚至超过男性劳动力。尽管这不是好现象，但它现实地说明提高妇女营农水平的重要性。培养出女性农业企业家是当务之急。

(3) 子女养育指导。妇女与子女之间存在特殊的感情纽带。这由女人的生理特性决定。在某种意义上，母亲是子女的第一位老师。因此，提高农村妇女的子女养育水平是相当重要的。

(4) 卫生保健指导。健康是人的幸福之本，但农村妇女普遍欠缺卫生保健知识，直接影响家庭成员的健康水平。因此，向农村妇女普及卫生保健知识是合作社妇女指导员的重要任务之一。

(5) 参与社会活动指导。男女平等是我国民主政治的重要内容，应鼓励农村妇女积极参加各项社会活动。这对提高她们的社会地位是非常必要的。

(三) 指导事业的基本方法

合作社的指导事业区别于学校教育的单纯划一。因此，指导方法亦多样。

1. 农村指导方法的分类

(1) 按指导对象可分为个人接触法，如农户访问；集体接触法，如讲课；大众接触法，如报刊宣传。

(2) 按指导手段可分为文字指导，如报刊宣传；语言指导，如谈话；视觉指导，如展览；语言和视觉组合指导，如电视。

(3) 按被指导者参与程度可分为说明式指导，如讲课；讨论式指导，如讨论会；发现式指导，如启发自己发现问题。

2. 农村指导方法的确定

选定最有效的指导方法不是一件容易的事情，需要注意如下几点。

(1) 明确指导目的及其内容。

(2) 明确指导的时间要求。

(3) 明确指导对象的人数。

(4) 明确指导对象的特点。

(5) 明确指导者的素质。

3. 农村指导的常用方法

农村指导的常用方法包括：

(1) 访问指导法，即指导者个别访问农户进行指导。

(2) 访问办公室法，即被指导者访问指导者，在后者的办公室接受指导。

(3) 演讲法，即指导者以 2 个以上社员为对象进行演讲式指导。

(4) 典型法，即指导者利用典型实例进行指导。

(5) 讨论法，即指导者让社员各抒己见，相互比较，选择最优方案。

(6) 媒体法，即指导者利用报刊、电视等媒体进行指导。

推进农民专业合作社指导员队伍建设，建立多层次的指导服务体系。

三、农村研究事业

这里说的研究事业，主要是指农民专业合作社联合社的研究事业。

1. 研究事业的目的

联合社从事研究事业的目的是：第一，为了维护并提高基层社及其社员的经济、文化、社会的利益和地位；第二，为了促进联合社和基层社及其社员事业的健康发展；第三，为了向党和政府提出切实可行的农村政策建议。

2. 研究事业的内容

联合社研究事业的主要内容包括：

(1) 农村技术研究。农村技术研究，是指研究农业技术、牧业技术、渔业技术、林业技术、农村工业技术等。其中，以高新技术的实用性研究为重点，比如农产品生物技术、农业环境保护技术、农业节水技术、农产品深加工技术等。联合社应主动与相关大学和科研部门加强合作，努力提高农产品的技术含量。

(2) 农村经济研究。农村经济研究，主要是指研究以农业为主导的第二、第三产业的经济问题，大体包括家庭农业承包经营制、农产品营销、国内外农产品市场、收益分配、农村金融、农业与财政、农民生活消费、合作制乡镇企业等。目前的重点课题为新型农业经营主体、农业产业化经营、农户增产增收、农产品流通（含农产品加工）、农村金融等。

(3) 农村社会研究。农村社会研究，目前主要是指城乡融合途径、农业劳力转移，农业劳力的老年化和妇女化问题，以及农村孩子上学、农民医保、农民养老金、农村基础设施建设等问题的研究。其目的在于，稳定农村社会，加快农村工业化和城镇化的步伐。

四、农村协作事业

协作事业，主要是指农民专业合作社同国内、外合作社间的协作活动。

1. 国内协作活动

国内协作活动包括基层社与基层社之间的协作，基层社与联合社之间的协作，农民专业合作社与城市合作社之间的协作，以及农民专业合作社与国内经济团体、文化团体、社会团体之间的协作。

2. 国外协作活动

国外协作活动包括农民专业合作社与国际合作社联盟的协作，农民专业合作社与国外合作社之间的协作，以及农民专业合作社与国外经济团体、文化团体、社会团体之间的协作。

“全世界无产者联合起来”。这一口号是我们熟知的。笔者主张：由社会经济弱者组成的全世界合作社联合起来，扩大规模，互利互惠，抗衡跨国大财团，维护、提高合作社的利益和国际地位。

第二节　农民专业合作社医疗事业

合作医疗事业，是指农民专业合作社为农民社员举办的医疗保障事业。

一、农村合作医疗事业的必要性

目前，农村中最大的“致贫因素”就是患病。所以，有的农民说：“小病不看，大病等死。”我们应按照党中央和国务院提出的发展新型农民医保事业的精神，积极、主动地举办农民合作医疗。这方面农民专业合作社大有作为。

二、农村新型合作医疗事业的主要内容

新型合作医疗制度，是在政府组织、引导和支持下，农民自愿参加，个人、集体和政府多方筹资，以大病统筹为主的农民医疗互助共济制度。其组织管理形式、筹资渠道、筹资方式、资金使用、互助目标等，都有别于传统的农村合作医疗。吉林省从 2003 年 3 月起，选择 6 个县（市）进行新型合作医疗试点，取得经验后逐步推开。目前，新型合作医疗制度覆盖全省农村居民，减轻了农民因疾病而增加的经济负担，提高了农民健康水平。

三、农村新型合作医疗事业的原则

举办新型合作医疗事业要遵循以下原则。

(1) 自愿参加，多方筹资。农民以家庭为单位自愿参加新型合作医疗，遵守有关规章制度，按时足额交纳合作医疗经费。乡（镇)、村集体（含农民专业合作社）给予资金扶持。各级财政每年安排一定专项基金予以支持。

(2) 以收定支，保障适度。新型合作医疗坚持以收定支、

收支平衡原则，既保证这项制度持续有效运行，又使农民能够享受应有的保障。

第三节 农民专业合作社福利事业

合作社福利事业，是指农民专业合作社为农民社员举办的文化、养老等各种农村社会福利事业。

一、农村福利事业的必要性

福利事业是相对于经济事业而言的。然而，一般来说，发展中国家的农村社会保障事业远落后于城市。这主要由国家的经济社会发展水平较低和国家财政收入较少所致。在国家财政偏紧的情况下，农民通过合作社，举办各种农村社会福利事业是非常必要的。它有利于满足农民的基本生存、发展等需求，有利于提高农民的文化、社会地位，有利于农民老有所养。

二、农村福利事业的主要内容

农民专业合作社福利事业的主要内容包括：

（1）生活设施的共同利用事业，比如建结婚礼堂、理发室、洗浴中心、农民休养所等。

（2）老人、妇女、学生、幼儿的福利事业，比如开办老人会馆、妇女学校、幼儿园、图书阅览室等。

（3）旨在加强农民社员之间感情交流的事业，比如举行新农民大会、农事庆典等。

（4）旨在弘扬农村传统文化的事业，比如收集能体现农村传统文化的遗物、建立农业博物馆等。

三、案例：河北省平山县农兴合作社“农育幼儿园”

农兴合作社“农育幼儿园”，是由河北省农业专业合作社系统农兴合作社筹资创办的，于2013年7月23日，正式接纳学龄前儿童入园。

该幼儿园教学、活动面积达800多平方米，学龄前入园儿童有70多名，专职教师有4名，分托、小、中、大4个教学组。教学课程设有语言、音乐、舞蹈、幼儿英语，还有“三字经”课。活动设施由北京游乐设施厂制作，有学龄前儿童喜欢的水床、蹦蹦床、滑梯、迷宫、独木桥、铁索桥、旋转菠萝等。教室宽敞明亮，环境优雅整洁，活动设施色彩鲜艳，摆放错落有致，处处呈现出他们追求高质量的幼儿教育，力求让家长满意、放心。

该幼儿园立足本园，开设幼儿体能游戏课，增强幼儿体质，开发幼儿潜在智力，培养道德品质，还从石家庄市聘请有经验、高素质的教师指导本园教师的教学活动。在卫生保健方面，每天早上孩子入园时老师都给他们测量体温；在饮食方面，一周饭菜不重样，品种丰富，口味多样，确保幼儿饮食营养的均衡。在安全保障方面，教师天天检查游乐设施，保障其正常运行。

该幼儿园以“一切为了孩子，为了孩子的一切”和“农村的费用，城市的水平”为办园宗旨，让农村孩子享受城市孩子的教育水平和活动设施。目前收费标准每人每月150元（社员价），保本经营，远远低于城市幼儿园的收费标准。

笔者认为，该幼儿园是河北“3+1”模式的具体体现，标志着农兴合作社在为社员提供综合服务方面迈出了坚实的一步。

四、农村福利事业的完善和发展

要振兴农民专业合作社福利事业，笔者认为应该做到如下几点。

第一，政府应加大对农村社会福利事业的投入。若只面向城市提供福利，而不面向广大农民提供福利，则不利于稳定农村社会。因此，政府要尽可能加大对农村福利的投入。

第二，解决农民子女求学难的问题。在现存的物价水平下，农户培养一个大学生，实在很困难。因此，有的发达农村实行农户子弟奖学金制度。这一制度应尽快在全国各地农村普及。有一位德国友人曾说道："农村教育决定于中国的未来。"

第三，实行农民养老金制度。随着农村经济社会的发展，农村社会老龄化现象日益突出。丧失劳动能力的老年农民如何安度晚年，确实是需要深入研究的社会问题。有的发达农村实行的"农民养老金"制度应该得到推广。

第四，农民专业合作社需要增大对农村社会福利设施的投入。应改变重生产、轻生活的观念，做到生产和生活两不误，努力提高农民的生活质量。毕竟广大农民全面小康是全面小康社会的基础和前提。

第九章　合作社财务管理

第一节　合作社成员账户

合作社的成员账户是合作社经营管理中最重要的会计依据，也是合作社在财务上区别于一般经济组织的重要特征。每个合作社都应当为其每一个成员设立独立的成员账户，成员账户对合作社及其成员意义重大。

成员账户是指农民专业合作社用来记录成员与合作社交易情况，以确定其在合作社财产中所拥有份额的会计账户。合作社为每个成员设立单独账户进行核算，可以清晰地反映出其与成员交易的情况，与非成员的交易则通过另外的账户进行核算。

根据《农民专业合作社法》第三十六条的规定，成员账户主要包括3项内容：一是记录该成员的出资额。出资额包括成员入社时的原始出资额，也包括公积金转化的出资。成员退社时，出资额应当相应退给成员，或者将出资额转让给其他成员，具体要求由合作社的章程规定。二是量化该成员的公积金份额。公积金是合作社盈利之后提取的用于扩大生产经营和预防意外亏损的款项，《农民专业合作社法》第三十五条第二款规定："每年提取的公积金按照章程规定量化为每个成员的份额。"每个成员量化所得的公积金应记载在成员账户内，但成员退社时可以带走。公积金量化的标准并没有明确的法律规定，而是按照合作社自行制定的章程规定。三是记录成员与合作社的交易量（额）。与成员发生交易是合作社日常工作中的重要组成部分，合作社的利润大小归根结底来源于与合作社成员交易量（额）的大小。也就是说，交易量（额）的大小，体现了成员对农民专业合作社贡献的大小，将交易量（额）作为成员账户的一项重要指标，既可以使其成为盈余返还的一项重要标准，又可以直观地看出成员对合作社贡献情况的发展变化。因此，这些单独的会计资料是确定成员参与合作盈余分配、财产分配的重要依据。

一、成员账户的设立

（一）内部交易与外部交易

农民专业合作社与其他经济组织相区别的基本特征即存在合作社与成员的内部交易。内部交易是指成员享受合作社提供的生产或劳务服务，与合作社进行农产品或者生产资料购销、技术服务等交易，由于这种交易发生在合作社内部，而且按成本原则进行。这种交易明显与市场中其他经济主体的交易不同，市场中多数交易是在一个经济主体与另一个经济主体之间发生的，因此习惯上称合作社与成员的交易为内部交易。与内部交易相对应，合作社与非成员进行交易时，可以称之为外部交易。

《农民专业合作社法》第三十四条规定，农民专业合作社与其成员的交易，应区别于与非成员的交易，因此二者应当分别核算。对于成员，应当在成员账户中进行核算，对于非成员，应在非成员账户中进行核算。

（二）分别核算的意义

之所以要进行分别核算，这是由合作社的本质属性以及功能所决定的。

首先，合作社的服务对象是其成员，这是分别核算的最主要原因。如果一个合作社主要为非成员服务，或者对二者没有明显的区分，那么合作的意义就失去了，合作社与一般企业就没有区别。比如，一个苹果合作社的主要目的不是为了通过销售苹果获利，而是为了尽可能多地销售成员生产出来的苹果，即使有可能亏损，也要把成员的苹果销售出去。而一般的苹果企业，为了赚钱可以销售任何人的苹果，只追求最大的销售利润，不存在成员与非成员的区别。因此，既然合作社是为成员服务的，在核算时就必须分别核算。

其次，将合作社与成员和非成员的交易分别核算，也是为了向成员返还盈余。《农民专业合作社法》第三十七条规定，合作社的可盈余分配应当按照成员与本社的交易量（额）比例返还，返还总额不得低于可分配盈余的60%。返还的依据是成员与合作社的交易量，这既包括最终农产品的交易，也包括化肥、种苗等农业生产资料的交易。因此，只有分别核算每个成员与非成员的交易量，才能准确得知每个成员的交易比例，从而进行盈余分配。

（三）设立成员账户的必要性

成员账户的设立，既是合作社本质属性的体现，又是合作社日常工作的需要。以每一个社员为单位设立成员账户，除了可以为成员参与合作社盈余分配提供依据外，还有如下的好处。

1. 便于分别核算成员的出资额和公积金变化情况

通过成员账户，汇集相关财务资料，可以分别核算其出资额和公积金变化情况，为成员承担有限责任提供依据。根据《农民专业合作社法》第五条的规定，农民专业合作社成员以其账户内记载的出资额和公积金份额对农民专业合作社承担责任。一旦合作社运营失败，进入破产清算环节，会详细清算出合作社的总负债以及清算后的净资产总额。如果破产后资不抵债，成员需要根据其成员账户记载的出资额及公积金累计额，来分担合作社的亏损和债务；如果破产后将全部债务清算完毕仍有剩余资产，也应当按照出资额与公积金累计额来分担合作社的剩余。

2. 为附加表决权提供依据

通过成员账户，可以为附加表决权提供依据。根据《农民专业合作社法》第十七条的规定，出资额较大或者与本社交易量（额）较大的成员，按照章程规定，可以享有附加表决权。因此，只有对每个成员的交易量和出资额分别核算，才是确定各成员在总交易额或者出资总额中的份额，确定附加表决权分配的唯一办法。

3. 处理成员退社时的财务问题

通过成员账户，可以为处理成员退社时的财务问题提供依据。《农民专业合作社法》第二十一条规定，成员资格终止的，农民专业合作社应当按照章程规定的方式和期限，退还记载在该成员账户内的出资额和公积金份额。对成员资格终止前的可分配盈余，依照《农民专业合作社法》第三十七条第二款的规定向其返还。因此，只有对每个成员的交易量和出资额分别核算，才能确定其退社时应当获得的公积金份额和利润返还份额。

二、成员账户的格式

成员账户是按每个成员一份编制，详细记录每个成员与本社的交易量（额）以及按此返还给该成员的可盈余分配。此外，还包括成员的权益占本社全部成员权益的份额以及按此分配给成员的剩余可分配盈余。成员账户区别于一般的会计报表，有其独特的格式。

成员账户分为左右 2 个部分。左侧为成员个人的股金和公积金部分，包括成员入社的出资额、量化到成员的公积金份额、形成财产的财政补助资金量化到成员的份额、接受捐赠财产量化到成员的份额；右侧为成员与本社交易情况和盈余返还及分配情况，包括成员与本社的交易量（额）、返还给该成员的可分配盈余和分配给该成员的剩余盈余。

三、成员账户的编制方法

（一）相关科目

成员账户中包括了成员的出资额和公积金份额，也包括了成员的交易量（额）和利润返还。因此，在成员账户中涉及了股金、资本公积、盈余公积、应付盈余返还、应付剩余盈余等会计科目。这些会计科目的核算均需要按照“有借必有贷，借贷必相等”的原则记录，并且，在记录完毕后将每个成员的情况相应登记在该成员的成员账户中。

（二）具体编制方式

（1）将上年成员出资、公积金份额、形成财产的财政补助资金量化到成员的份额，捐赠财产量化到成员的份额直接对应填入项目栏。

（2）“成员出资”项目，按本年成员出资计入股金的部分填列。

（3）“公积金份额”项目，按本年量化到成员个人的公积金份额填列。

（4）“形成财产的财政补助资金量化份额”，按本年国家财政直接补助形成财产量化到成员个人的份额填列。

（5）“捐赠财产量化份额”项目，按本年接受捐赠形成财产量化到成员个人的份额填列。

（6）“交易量”和“交易额”项目，按本年成员与合作社交易的产品填列。

（7）“盈余返还金额”项目，按本年根据成员与合作社交易量（额）返还给成员的可分配盈余数额填列。

（8）“剩余盈余返还金额”项目，按本年根据成员“股金”和“公积金”“专项基金”份额分配给成员的剩余数额填列。

(9) 年度终了，以“成员出资”“公积金份额”“形成财产的财政补助资金量化份额”“捐赠财产量化份额”合计数汇总为成员应享有的合作社公积金总额，以“盈余返还金额”和“剩余盈余返还金额”合计数汇总为成员全年盈余返还总额。

第二节　合作社资产管理

合作社的资产是合作社运营中最重要的组成部分，也是合作社得以发展的物质基础。只有管好合作社的资产，才能保证合作社稳定、健康、快速地发展。

资产是指企业过去的交易或者事项形成的、由企业拥有或者控制的，预期会给企业带来经济利益的资源，包括各种财产、债权和其他权利。这里面包含三层意思。首先，资产必须由企业控制。其次，资产必须能给企业带来经济效益。最后，资产必须具有商业或交换价值。简单地说，资产就是企业能够控制的资源。

合作社的资产管理，就是对合作社各项资源的管理。合作社的资产管理，包括对会计核算的内部控制以及对资产的有效利用。合作社财务制度明确规定，合作社必须根据有关法律法规，结合实际情况，建立健全内部控制制度。资源是能够给合作社带来盈利的物品，合作社能否实现经济效益，能否健康、稳定地发展，取决于合作社如何管理它的资源。良好的合作社资产管理，必须要在合作社资源有限的情况下，尽可能地为合作社创造价值。

一、资产管理的对象

资产可以分为有形资产和无形资产，其中有形资产又可以分为流动资产和固定资产。流动资产又可以划分为货币资金、应收账款、存货。此外，由于合作社的特殊性，对外投资和农业资产也是合作社资产管理中重要的组成部分。因此，合作社的资产管理就是对这些资产的管理。

（一）有形资产

1. 流动资产

包括货币资金、应收账款和存货。

（1）货币资金。是合作社资产中流动性最强的资产。根据货币资金存放地点及其用途的不同，可以分为库存现金和银行存款。

（2）应收账款。指合作社应收到的款项，既包括合作社与外部单位或个人发生的应收及暂付款项，又包括合作社与其成员发生的应收及暂付款项，前者为外部应收款，后者为内部应收款。

（3）存货。指在生产经营过程中持有以备出售，或者仍然处于生产过程中，或者在生产或提供劳务过程中将消耗的各种材料、物资等。

2. 固定资产

合作社的房屋、建筑物、机器、设备、工具、器具和农业基本建设设施等劳动资料，凡使用年限在一年以上，单位价值在500元以上的均为固定资产。有些主要生产工具和设备，单位价值虽低于规定标准，但使用年限在一年以上的也可列为固定资产。

（二）无形资产

无形资产是指合作社为生产商品或者提供劳务、出租给他人、或为管理目的而持有的、没有实物形态的非货币性长期资产。从形式上看，无形资产包括专利权、非专利技术和商标权等。从来源上看，无形资产包括外购的无形资产、接受投资转入的无形资产、接受捐赠取得的无形资产和合作社自行开发的无形资产。

1. 专利权

专利权指国家专利主管机关依法授予发明创造专利申请人对其发明创造在法定期限内所享有的专有权利，包括发明专利权，实用新型专利权和外观设计专利权。

2. 非专利技术

非专利技术也称专有技术，是指不为外界所知，在生产经营活动中已采用了的，不享有法律保护的，可以带来经济效益的各种技术和诀窍。

3. 商标权

商标权指专门在某类指定的商品或产品上使用特定的名称或图案的权利。

（三）对外投资

对外投资是指合作社为通过分配来增加财富或者为谋求其他利益而将资产让渡给其他单位所获得的另一项资产。主要包括货币资金投资、实物资产投资和无形资产投资。

（四）农业资产

合作社会计制度将农产品和收货后加工而得到的产品列为流动资产中的存货，将生物资产中的牲畜（禽）和林木列为合作社的农业资产。由于农业生产的特殊性，农业资产的价值构成与其他资产的价值构成存在明显的差异。因此，农业资产的计量与存货的计量有所区别。

二、资产的核算及内部控制

（一）流动资产的核算及内部控制

1. 货币资金

合作社要建立货币资金岗位责任制，明确相关岗位的职责权限，明确审批人和经办人对货币资金业务的权限、程序、责任和相关控制措施。对货币资金最直接的内部控制方法是组织专人定期或者不定期检查货币资金收支业务以及相关记录凭证，复核或重新编制某日或某一时期的银行存款余额调节表。对货币资金的内部控制是以严格、完整的货币现金会计核算为基础的。

小案例

货币资金的核算

(1) ×××合作社收取应收账款1 000元。分录为：

借：库存现金　　　　　　1 000

　　贷：应收账款　　　　　　1 000

(2) 合作社总经理李某出差，向合作社预支2 000元差旅费。分录为：

借：应收账款——李某　　　　2 000

　　贷：库存现金　　　　　　2 000

(3) 总经理出差归来后，将差旅费剩余的1 000元转账给合作社账户，并将差旅费发票与合作社财务结交。分录为：

借：银行存款　　　　　　1 000

　　贷：应收账款——李某　　　　1 000

借：差旅费——李某　　　　1 000

　　贷：应收账款——李某　　　　1 000

(4) 合作社购买打印机一台，价值2 000元，价款以银行存款支付。分录为：

借：管理费用——办公费　　　　2 000

　　贷：银行存款　　　　　　2 000

2. 应收账款

合作社应收账款的控制，应确保应收账款管理的及时性和有效性，确保每一笔应收账款的入账、调整、冲销都有相应凭证可以查询，并经过授权批准。合作社应建立有关应收账款管理、折扣和折让及收款的规章制度。经过销售发货后，对于赊销订单形成的应收账款应予以严格管理，并应定期进行核查，进行相关处理。在收款前，无论赊销或现销都应该在经过审批后确定折扣和折让的额度，及时进行收款。

小案例

应收账款的核算

（1）合作社与其内部成员甲之间发生交易，合作社将资产有机肥以3 200元的价格出售给甲，成本为3 000元，款项尚未收到。与成员之间的交易要按照“成员往来”账户进行核算。分录为：

借：成员往来——甲　　3 200

　　贷：经营收入　　3 200

同时，结转成本，分录为：

借：经营成本　　3 000

　　贷：产品物资　　3 000

（2）合作社从甲处收购甲生产出的有机苹果，并将苹果销售给超市。从甲处以10 000元的价格收购，并以20 000元的价格卖给超市。甲的货款已经结清，超市的货款尚未收到。分录为：

借：应收账款——超市　　20 000

　　贷：经营收入　　20 000

借：产品物资——苹果　　10 000

　　贷：银行存款　　10 000

同时，清算成本，分录为：

借：经营支出　　10 000

　　贷：产品物资——苹果　　10 000

（3）超市在收到苹果后将货款如期支付给合作社，总计

20 000元全部采用银行转账方式进行支付。分录为：

借：银行存款　　　　　　　　　20 000

　　贷：应收账款——超市　　　　　　20 000

3. 存货

按照合作社实际经营形式，存货可以分为产品物资、委托加工物资、受托代购商品、受托代销商品五个类型，这五个类型相应与五个会计账户对应。在核算存货时，应当对存货的类型进行区分，从而使会计核算简洁、明了。

小案例

存货的核算

(1) 某合作社从事苹果的种植、销售，以及苹果制品的初级加工。合作社拥有一套压榨设备，用于苹果汁的生产。日前，合作社购进一批辅助材料，价值 2 000元，货款用银行存款支付。分录为：

借：产品物资——材料　　　　　2 000

　　贷：银行存款　　　　　　　　　2 000

(2) 合作社同时也委托外单位进行苹果干的加工，合作社发出苹果 10 000元，应负担加工费用 1 000元，路途运输费用 500 元，以银行存款支付。分录为：

借：委托加工物资　　　　　　10 000

　　贷：产品物资——苹果　　　　　　10 000

借：委托加工物资——运输费用　500

　　贷：银行存款　　　　　　　　　　500

借：委托加工物资——加工费用　1 000

　　贷：银行存款　　　　　　　　　　1 000

同时，收回委托加工物资以备对外销售。分录为：

借：产品物资　　　　　　　　11 500

贷：委托加工物资　　　　　　11 500

(3) 合作社将苹果干委托给某超市进行代销，总售价 15 000 元，协议按照销售收入的 10%作为手续费。

首先，发出苹果干，并收到货款。分录为：

借：委托代销商品　　　　　　11 500
　　贷：产品物资　　　　　　　　11 500
借：应收账款——超市　　　　15 000
　　贷：经营收入　　　　　　　　15 000

其次，结转成本，并提取手续费。分录为：

借：经营支出　　　　　　　　20 000
　　贷：委托代销商品　　　　　　20 000
借：经营收入　　　　　　　　1 500
　　贷：应收账款——超市　　　　1 500

最后，超市将销售款项以银行转账方式支付给合作社。分录为：

借：银行存款　　　　　　　　13 500
　　贷：应收账款——超市　　　　13 500

(4) 合作社成员甲委托合作社代销其苹果 2 000 千克，协议每千克收取 0.1 元手续费，合作社当周完成销售，最终售价为每千克 10.1 元。分录为：

借：受托代销商品　　　　　　20 000
　　贷：成员往来——甲　　　　　20 000
借：银行存款　　　　　　　　20 200
　　贷：受托代销商品　　　　　　20 000
　　　　经营收入　　　　　　　　200

(5) 合作社日常还会受到成员的委托代购化肥、农药。在下一季度生产开始前，合作社接受成员乙的委托代购市场价值 200 元的农药一份。合作社以银行存款支付，并将农药交付给乙，乙将现金 200 元交给合作社。分录为：

借：受托代购商品　　200
　　贷：银行存款　　200
借：成员往来——乙　　200
　　贷：受托代购商品　　200
借：库存现金　　200
　　贷：成员往来——乙　　200

(二) 固定资产的核算及内部控制

1. 购入固定资产

固定资产可以分为需要安装以及不需要安装两种。购入需要安装的固定资产，在安装期间要借记“在建工程”科目，安装完成后将借记“固定资产”，贷记“在建工程”。购入不需要安装的固定资产，直接借记“固定资产”科目即可。

2. 自行建造固定资产

合作社自营工程主要通过“在建工程”科目进行核算，在工程完成后借记“固定资产”，贷记“在建工程”。

3. 投资者以固定资产投资入股

投资者将其固定资产作为资本投入合作社，应当按照投资各方确认的价值，借记“固定资产”科目；按照经过协商、批准的投资者占注册资本的份额计算的资本金额贷记“股金”科目；按二者之间的差额，贷记或借记“资本公积”科目。

小案例

固定资产的核算

(1) 某合作社从事苹果的种植、销售。合作社购买拖拉机一台，价值40 000元，以银行存款支付。分录为：

借：固定资产　　40 000
　　贷：银行存款　　40 000

(2) 为了方便苹果的储存，合作社购买红砖、钢筋、水泥等建筑材料一批，建设合作社的仓库，材料共计100 000元，全部用银行存款支付。在施工过程中，还支付了劳务费10 000元，在工程完毕后进行支付。工程完工，支付剩余款项并交付使用。工程施工时，分录为：

借：库存物资　　　　　　100 000

　　贷：银行存款　　　　　　100 000

借：在建工程　　　　　　100 000

　　贷：库存物资　　　　　　100 000

借：在建工程　　　　　　10 000

　　贷：应付账款——劳务费　　10 000

工程完工后，分录为：

借：应付账款——劳务费　　10 000

　　贷：银行存款　　　　　　10 000

借：固定资产　　　　　　110 000

　　贷：在建工程　　　　　　110 000

(三) 无形资产的核算及内部控制

由于没有具体的物品，无形资产的价值很难被计量。在会计上，无形资产的价值是由合作社取得无形资产时发出的注册费、律师费等费用决定，或者由第三方机构出具的资产定价凭证决定的。并且，由于无形资产大多具有使用年限，因此，还需要制定摊销规则，对无形资产进行合理的摊销。

小案例

无形资产的计量

(1) 某合作社自行研发一项科学种植技术，期间共产生研究费用 20 000元，支付注册费 5 000元，律师费 1 000元。分录为：

借：无形资产　　　　　　　　6 000

　　贷：银行存款　　　　　　　　6 000

借：管理费用　　　　　　　　20 000

　　贷：银行存款　　　　　　　　20 000

（2）该合作社向外购买一项保鲜技术，花费10 000元。分录为：

借：无形资产　　　　　　　　10 000

　　贷：银行存款　　　　　　　　10 000

（3）合作社在章程中规定，无形资产按10年直线摊销，则每年应摊销的价值为1 600元，每年年终结算时应记录。分录为：

借：管理费用　　　　　　　　1 600

　　贷：无形资产　　　　　　　　1 600

（四）对外投资的核算及内部控制

对外投资是合作社获取利益的一项重要手段，由于对外投资具有一定风险，合作社更应当建立对外投资业务的内部控制制度。在对外投资项目内部控制时，应当明确审批人和经办人的权限、程序、责任和相关控制措施。合作社的对外投资业务，应当由理事会提交成员大会决策，严格实行民主控制。并且，对外投资的收益必须要计入合作社总收益当中，严禁设置账外账、小金库。

小案例

对外投资的核算

某合作社以银行存款100 000元对某下游企业进行投资，当年获得投资收益10 000元。分录为：

借：对外投资　　　　　　　　100 000

　　贷：银行存款　　　　　　　　100 000

借：银行存款　　　　　　　　　　　10 000

　　贷：投资收益　　　　　　　　　　　10 000

（五）农业资产的核算与内部控制

合作社农业资产的价值构成与其他资产的价值构成有明显差别，这是因为，生物具有成长期，在成长期间价值会增加，增加的价值就被称为农业资产价值。农业资产价值的计量主要包括三部分，首先是原始价值；其次是在成长期间产生的饲养价值、管护价值以及培养价值；最后是摊余价值，反映了农业资产的现价。

小案例

农业资产的核算

（1）合作社年初购买幼牛5头，每头500元，以银行存款支付。分录为：

借：牲畜资产——幼畜及育肥畜——幼畜——牛 2 500

　　贷：银行存款　　　　　　　　　　　　　　　2 500

（2）在养殖过程中，合作社共发生费用包括：应付养牛人员工资2 000元，喂牛饲料3 000元。分录为：

借：牲畜资产——幼畜及育肥畜——幼畜——牛 5 000

　　贷：应付工资　　　　　　　　　　　　　　　2 000

　　产品物资——饲料　　　　　　　　　　　　　3 000

（3）年底，幼牛成龄后，转为产畜，即将出栏卖给肉加工厂。分录为：

借：牲畜资产——幼畜及育肥畜——产畜——牛 7 500

　　贷：牲畜资产——幼畜及育肥畜——幼畜——牛 7 500

（4）合作社将肉牛卖给某肉加工厂，每头牛售价2 000元，货款以银行存款结清。分录为：

借：银行存款　　　　　　　　　　　　　　　10 000

　　贷：经营收入　　10 000

借：经营支出　　7 500

　　贷：牲畜资产——幼畜及育肥畜——产畜——牛 7 500

三、完善资产管理

作为独立的市场经济主体，农民专业合作社做好资产管理工作，组织好各种财务关系，可以保证合作社生产经营活动的健康运行，增加合作社的盈利水平，提高为成员服务的能力。因此，管好合作社的资产，是合作社稳定、健康、快速发展的基石。管好合作社的资产不意味着要一味地控制成本，也不意味着为了追求效益反而产生了浪费。由于合作社的资产可以分为有形和无形两种资产，因此，完善合作社资产管理，需要从以下两方面进行思考。

（一）管好合作社的有形资产

第一，要加强固定资产管理的宣传，改变观念，重视管理。固定资产具有很长的使用期限，要强调固定资产管理对合作社长期运营的作用，在管理中既要加大宣传，又要严格标准，责任到人。

第二，良好的资产管理离不开人的执行。充实资产管理人员，提高资产管理人员素质，加强对资产管理人员的职业培训。

第三，要完善资产管理制度，制定相应的激励、惩罚机制。为了提高成员对合作社资产管理的效率，要有奖有惩，奖惩有度。

第四，加强内部控制。由于有形资产种类繁多，在内部控制环节有不同的重点。要合理控制流动资产规模，既要防止流动资金规模过大，造成资金的浪费及闲置，又要防止合作社周转资金不足，加剧合作社经营负担；要合理控制对外投资，充分考虑投资风险、投资机会成本以及投资的预期收益，谨慎投资。

第五，在固定资产投资上，要合理规划，因地制宜，减少生产能力的闲置和浪费。要根据本地区区位条件以及合作社自身情况，合理规划合作社未来发展的战略，按部就班扩大产能，不能盲目地增加购置固定资产。

（二）建立合作社的品牌

合作社最重要的无形资产是合作社的品牌。合作社的品牌是合作社营销能力的象征，也是合作社农产品质量的具体体现。一个好的合作社离不开好的产品，合作社好的产品离不开品牌建设。推进合作社品牌建设既要坚持培育合作社文化，又要提高农产品质量。合作社文化是合作社品牌发展的前提，合作社的文化与成员的参与意识密不可分，最终会影响到成员的农业生产。当前质量安全问题是社会关注的重点，提高农产品质量安全有利于合作社的产品从市场中脱颖而出。

第三节　合作社盈余分配

合作社经营所产生的剩余，《农民专业合作社法》称之为盈余。具体而言，盈余是指合作社在一定会计期间内生产经营和管理活动所取得的净收入，即收入和支出的差额。它反映了合作社一段时期内经营管理的成果。区别于一般经济组织，合作社的盈余需要分配给合作社的成员。《农民专业合作社法》第三十七条规定，在弥补亏损、提取公积金后的当年盈余，为农民专业合作社的可分配盈余。在本节中，我们将分析合作社可分配盈余的来源，介绍合作社盈余分配的形式，并对其中的问题和误区进行阐述。

一、可分配盈余的来源

合作社可分配盈余就是合作社收入和支出的差额。之所以会产生盈余，是因为通过合作，可以增加收入，或者降低支出。

农业是“小生产”“大市场”的行业，小规模的农业生产者只能被动地参与市场，接受市场定价。通过加入合作社，小规模的农业生产者凝聚成一个整体，可以形成规模优势，从而提高销售价格，降低生产资料的购买成本，实现合作收益。

二、盈余分配的顺序及形式

合作社在进行年终盈余分配工作以前，要准确核算全年收入和支出，结清有关账目，核对成员个人账户。合作社的盈余分配要按照一定顺序、一定形式进行。

（一）合作社盈余分配的顺序

1. 清偿债务

合作社在盈余分配前需要清偿的债务包括合作社已经到期的借款、本年度发生的代购代销以及劳动服务合同的结算兑现。

2. 弥补亏损

如果往年存在亏损，合作社需要用本年度利润弥补往年亏损。

3. 提取公积金

合作社应当按照合作社章程的规定，按比例从盈余中提取公积金。

4. 盈余返还

合作社在清偿债务、弥补亏损、提取公积金后，剩余的盈余要按成员与本社交易量（额）的比例返还，《农民专业合作社法》第三十七条规定，按交易量（额）比例返还的比例不得低于可分配盈余的60%。

5. 剩余盈余分配

按交易量（额）的比例返还是盈余返还的主要方式，但不是唯一途径。根据《农民专业合作社法》第三十七条第二款的规定，合作社可以根据自身情况，按成员账户中记载的出资和公积金份额，以及本社接受国家财政直接补助和他人捐赠形成的财产平均量化到成员的份额，按比例分配部分盈余。

（二）可分配盈余分配的形式

1. 按交易额返还

（1）形式。按交易额返还可以分为事前返还和事后返还。所谓事前返还，是指在成员与合作社发生交易时，合作社就将预期盈余的一部分拿出来，作为价格改善直接返还给消费者。这种价格改善体现在合作社收购成员产品时定价高于市场价。由于事前返还比较明显，成员能直接获得利益，不承担任何风险，所以大多数合作社均采取事前返还的政策。所谓事后返还，是指在合作社清算完盈余之后，将盈余中的一部分，按照每个成员与合作社交易量（额）的比例返还给成员。这两种返还形式在本质上并没有区别，但由于前者在年终结算前，后者在年终结算后，二者的作用及效果完全不同。

（2）分配的要求。根据《农民专业合作社法》第三十七条的规定，无论是事前返还还是事后返还，其总额占可分配盈余的比例不得低于60%。

2. 提取公积金

（1）公积金的作用。公积金又称储备金，是农民专业合作社为了巩固自身的财务基础，提高本组织对外信用和预防意外亏损，依照法律和章程的规定，从盈余中积存的资金。《农民专业合作社法》第三十五条规定，农民专业合作社可以按照章程规定或成员代表大会决议从当年盈余中提取公积金。公积金的作用有3个：一是弥补亏损，二是扩大生产经营，三是转为成员出资。

（2）提取比例。公积金的提取比例由合作社章程或成员代表大会决议决定。

3. 剩余盈余分配

（1）目的和作用。剩余盈余分配的主要形式是按股分红。之所以存在按股分红，是因为在现实中，由于资金缺乏，合作社中必然存在成员出资不同的情况，那么就必须重视成员出资在合作社中的运作和获得盈余中的作用，适当按照出资额进行盈余分配，对成员出资进行激励，可以使多出资的成员获得较多的盈余，从而鼓励成员出资，壮大合作社资金实力。

（2）要求。《农民专业合作社法》第三十七条第二款的规定，合作社可以根据自身情况，按成员账户中记载的出资和公积金份额，以及本社接受国家财政直接补助和他人捐赠形成的财产平均量化到成员的份额，按比例分配部分盈余。这一比例不得高于40%。

问题思考

合作社的盈余到底是什么

首先，合作社的盈余区别于公司制企业所产生的利润。其原因在于，合作社是为了向其成员提供服务，而不是像公司制的企业那样追求利润最大化。其次，合作社的盈余实际上是成员合作的盈余，是成员通过合作社带来的可以量化的收益。因此，只要是成员通过合作带来的好处，无论是直接的好处还是间接的好处，都是合作的收益，这其中，可以量化的收益，扣除合作社运营的成本，即合作社的盈余。这也解答了为什么直接的价格改善也是盈余分配的一种。如果没有合作，成员无法享受到合作社收购其产品时的提价。由于农民的这种收益是与交易额挂钩的，即总的收益=每单位产品提价×交易量（额），所以事前的价格改善也应当属于按交易额（量）返还的一种。

问题思考

合作社是否应当提取公积金
什么情况下才可以提取公积金

仔细阅读《农民专业合作社法》可以发现，在其第三十五条中表述的是“可以”提取公积金，而不是“应当”或“必须”。这是因为，不同种类、不同地域、不同发展阶段的合作社对资金的需求及其所面临的资金稀缺程度均不一样，每个合作社的盈利能力也不一样。因此，不能强制要求每个合作社均提取公积金，而是要求由合作社章程及成员大会自主决定。

公积金从合作社当年的盈余中提取，因此，只有当合作社在本年度盈余时才能提取公积金。

典型案例

一个典型的合作社盈余分配

某合作社从事西瓜的种植、销售。2011 年西瓜的市场价平均为 10 元/千克，合作社按照每千克比市场价高 0.2 元的价格从成员手中收购了 50 000千克西瓜。合作社努力拓展渠道，以每千克 12 元的价格将西瓜卖给大中型超市。每千克西瓜合作社需要承担运输费、保管费及银行贷款利息 1 元。2011 年年末，合作社实现盈利，并弥补了 2010 年产生的亏损 10 000元。合作社根据章程及成员大会决议，制定本年度公积金提取比例为 20%。因此，本年度可分配盈余为：

$$[(12-10-0.2-1)\times 50\,000-10\,000]\times(1-0.2)=24\,000\text{（元）}$$

公积金为：

$[(12-10-0.2-1)\times 50\,000-10\,000]\times 0.2=6\,000$（元）下

面考虑可分配盈余分配的 3 种情况：

（1）可分配盈余中 60%按交易额返还给社员，40%按股金和公积金份额返还。

因此，应向成员返还盈余：

24 000×0. 6＝14 400（元）

应向成员分配剩余盈余：

24 000×0. 4＝9 600（元）

实际向成员返还盈余：

14 400+10 000＝24 400（元）

实际按交易额返还比例：

24 400/（24 400+9 600）×100%＝71. 7%

（2）可分配盈余中 50%按交易额返还给社员，50%按股金和公积金份额返还。

因此，应向成员返还盈余：

24 000×0. 5＝12 000（元）

应向成员分配剩余盈余：

24 000×0. 5＝12 000（元）

实际向成员返还盈余：

12 000+10 000＝22 0. 00（元）

实际按交易额返还比例：

22 000/（22 000+12 000）×100%＝64. 1%

（3）可分配盈余中 40%按交易额返还给社员，60%按股金和公积金份额返还。

因此，应向成员返还盈余：

24. 000　×0. 4＝9 600（元）

应向成员分配剩余盈余：

24 000×0. 6＝14 400（元）

实际向成员返还盈余：

9 600+10 000＝19 600（元）

实际按交易额返还比例：

19 600/（19 600+14 400）×100%=57.6%

综合以上三种情况可以看出，在多数情况下，成员获得的按交易额返还的比例均高于《农民专业合作社法》规定的最低60%的要求，实际返还的比例取决于合作社的经营管理成本以及通过合作所带来收益的多少。

第四节　财务分析与预测

对合作社财务进行分析，主要是对合作社的会计报表进行分析，内容涉及财务管理及相关经济活动的各个方面，概括起来主要有以下几个方面。

一、对收入支出情况进行分析

主要是分析各项收入是否符合有关规定，是否执行了章程规定的收取标准，是否完成了预算收入计划，各项收入的增减变动情况及其变动的原因。分析支出是否按规定的用途和标准使用，支出结构是否合理，支出增减变动的原因等，找出支出管理中存在的问题，提出加强管理的措施，提高资金的使用效果。

在进行合作社收支情况分析时，应先根据会计报表及有关资料，编制预算收支情况分析表，然后再逐项进行分析。

二、对资产使用情况和财务状况进行分析

（1）对固定资产的增加、减少和结存情况的分析，主要是固定资产的增加及其资金来源是否符合规定，减少是否合理和经过批准，尤其是国家财政直接补助和接受捐赠形成的固定资产是否按规定单独处理。各项固定资产使用是否充分有效，有无长期闲置和保养不善等情况。

（2）对资金流转情况的分析，主要是分析合作社有无保证其正常运转的资金（主要是货币资金）。

（3）对往来款项的余额分析，应分析各种应收应付款的分布及未结算原因，各项借款、国家财政直接补助资金的使用情况，各项盈余返还给成员的情况。对长期不清、挂账、呆账等问题，查明原因，及时处理。

（4）对存货增减情况的分析，要分析各种产品物资的结构情况，有无长期积压和浪费损失的现象。分析各项受托和委托的产品物资是否按要求及时办理。

另外，分析库存现金及银行存款的运用是否符合现金管理和银行结算制度。

三、对成员权益进行分析

（1）对成员权益变动情况的分析。分析成员入社、退社是否按照章程规定或成员大会决定进行，分析合作社因股金溢价等原因增加或减少资本公积、合作社年终计提盈余公积以及国家财政补助资金和接受捐赠形成专项基金时，是否在成员权益上进行反映，是否及时准确记录在成员账户中。

（2）对量化给成员的公积金份额的分析。分析资本公积和盈余公积是否量化到成员，在量化给成员的过程中，量化比例是否按照成员应享有合作社注册资本的份额占总注册资本的比例进行。

（3）对国家财政直接补助和接受捐赠形成财产量化给成员份额的分析。分析国家财政补助资金和接受捐赠形成财产是否计入专项基金并平均量化到每位成员，尤其重点分析该部分财产形成之后，加入合作社的成员是否平均量化到这些财产。

（4）对返还给成员本年盈余的分析。分析合作社是否按照章程规定或成员大会决定的比例计提应付盈余返还和应付剩余盈余，分析合作社是否按成员与合作社的交易量（额）进行盈余返还，剩余盈余的分配是否按成员账户记载的权益份额占合作社权益总份额的比例进行。

四、对偿债能力进行分析

(1) 短期偿债能力分析。短期偿债能力考核成绩的分析指标主要有流动比率、速动比率和现金比率。

①流动比率：是指流动资产除以流动负债的比值，其计算公式为：

流动比率=流动资产÷流动负债

流动资产包括库存现金、银行存款、应收款项、存货等。流动负债主要包括短期借款、应付款项、应付工资、应付盈余返还、应付剩余盈余等。

流动比率反映合作社偿还短期债务的能力，合作社能否偿还短期债务，要看有多少短期债务，以及有多少可以变现偿债的流动资产，流动资产越多，短期债务越少，则说明合作社偿还能力越强。

②速动比率：是指流动资产中扣除存货部分以后，再除以流动负债的比值。其计算公式为：

速动比率=（流动资产–存货）÷流动负债

流动资产扣除存货后的剩余部分又称为速动资产，速动资产除以流动负债就称之为速动比率。为什么在计算速动比率时要扣除存货呢？主要有以下四个原因：一是流动资产中存货变现速度最慢，二是部分存货可能因某种原因而损失报废尚未处理，三是部分存货可能已经抵押给债权人了，四是存货估价可能与市价相差至远。所以扣除存货后的速动比率是比流动比率更进一步偿债能力指标，速动比率比流动比率更能反映合作社偿还短期债务的能力。

③现金比率：是指流动资产中的货币资金除以流动负债的比值。其计算公式为：

现金比率=（现金+银行存款）÷流动负债

或

现金比率=（流动资产-存货-应收款项）÷流动负债

现金比率表明合作社目前有多少货币资金可以立即偿还债务，比速动比率更进一步地反映了合作社偿还短期债务的能力。

(2) 长期偿债能力分析。长期偿债能力分析研究的指标主要有资产负债率和产权比率。

①资产负债率：是指债务总额除以资产总额的百分比。其计算公式为：

资产负债率=（债务总额÷资产总额）×100%

资产负债率反映合作社总资产中债权人的权益有多少份额，可以衡量合作社对债权人债权的保障程度。

②产权比率：是指负债总额与所有者权益总额的百分比。公式为：

产权比率=（负债总额÷所有者权益总额）×100%

产权比率也是衡量长期偿债能力的指标，反映合作社所有者有多少权益可以保障债权人的债权，一般来说，普遍认为所有者权益大于债权的权益为好，这样债权人权益才能够得到所有者的有力保障。

产权比率与资产负债率对评价长期偿债能力的作用基本相同，但二者侧重点不同，资产负债率侧重于分析债务偿付安全性的物质保障程度，产权比率侧重于揭示财务结构的稳健程度以及自有资金对偿债风险的承受能力。

五、对财务管理情况进行分析

主要是分析合作社各项财务管理制度是否健全，是否符合国家有关规定和本合作社的实际情况，各项管理措施的落实情况如何。同时，要找出存在的问题，进一步健全和完善各项规章制度和管理措施，提高财务管理水平。

第五节 会计监督

会计监督是指以国家的法律规范为准绳，以会计信息资料为主要依据，对即将进行或已经进行的经济活动的合法性进行评价，规范单位的会计行为，并据以施加限制或影响的过程。会计监督是会计的基本职能之一，也是我国经济监督体系的重要组成部分。

按会计监督的主体和对象可分为单位内部会计监督、社会监督、国家监督三种，其监督的主体分别是会计机构和会计人员、社会中介机构、政府有关部门。监督的客体都是单位的经济活动，单位内部会计监督、社会监督和国家监督构成了三位一体的会计监督体系，三者缺一不可。国家监督和社会监督都是从单位外部进行的，相对于单位内部会计监督而言，属于外部监督。

一、会计工作的内部监督

（一）内部会计监督的内容

单位内部会计监督就是会计机构、会计人员对本合作社的经济活动进行会计监督。合作社内部会计监督主要包括：加强对原始凭证的真实性、合法性、准确性、完整性的审核和监督，加强对会计账簿和财务报告的监督，严禁账外设账、造假账、编假表、随意毁灭会计账簿等违法行为；加强对财产物资的监督，严格执行财产清查制度，确保财产物资安全完整；加强对财务收支的监督，维护财经纪律，厉行节约，反对浪费，打击贪污盗窃。此外，对单位的预算、计划执行情况也要进行监督，以促进预算、计划的实施和完成。

（二）建立内部会计监督制度的原则

从我国会计工作的实际情况出发，建立单位内部会计监督制度应当遵循以下原则：

（1）合法合规性原则，即制定的内部会计监督制度应当符合并严格执行法律、法规和国家统一的财务会计制度的规定。

（2）具体适应性原则，即制定的内部会计监督制度应当体现本单位的生产经营、业务管理的特点和要求。

（3）全面规范性原则，即制定的内部会计监督制度应当全面规范本单位的各项会计工作，要符合并体现会计科学的基本原理和方法，并能规范会计事务的各个方面、各个环节的工作，不能顾此失彼。

（4）科学合理性原则，即制定的内部会计监督制度，必须科学合理，便于操作和执行；必须利于控制和检查，有了解监督制度执行情况的手段和途径。同时，要根据执行情况和管理需要不断完善，以保证内部会计监督制度更加适应管理的需要。

（三）内部会计监督制度的基本内容

根据《会计法》和《农民专业合作社财务会计制度（试行）》规定，结合合作社会计工作的特点，合作社应建立健全以下内部会计监督制度：

（1）岗位牵制制度。合作社要建立健全会计、出纳和主要干部不得相互兼职的职务分离制度，配备会计和出纳，有条件的还要配备保管员。

（2）预、决算制度。合作社要建立健全财务的年度预算、决算制度，财务的年度预算、决算和重大财务支出项目，要列入民主决策的重要内容，必须合作社成员大会讨论和审议通过后方可执行。

（3）财务开支审批制度。合作社要建立健全财务审批制度，明确财务主管干部的审批权限和职责。对财务主管干部和其他干部违规审批的行为实行责任追究制度。

（4）全收益分配制度。合作社的收益分配事关成员的切身利益，为此合作社的收益分配方案一定要经成员大会民主讨论决定，不得由少数干部说了算。

（5）请查、盘点制度。建立健全合作社资产和财务的定期清查、年终进行全面清查的制度，通过清查，及时发现并处理现金存款、财产物资、债权债务管理中存在的问题，确保账实相符。

（四）相关人员在内部会计监督中的职责权限

1. 合作社理事长在内部会计监督中的义务

合作社理事长应保证会计机构、会计人员依法履行职责。具体含义有4个方面：一是不得非法干涉会计机构、会计人员依法履行职责；二是他人非法干涉会计机构、会计人员依法行使职责时，依法应当制止，不能置之不理；三是建立健全本单位的内部制度，依法赋予会计机构、会计人员充分的职权；四是对会计机构、会计人员提出的合法建议应当予以采纳，对于会计机构、会计人员依法履行职责的行为不能打击报复。

合作社理事长不得授意、指使、强令会计机构、会计人员违法办理会计事项。这一义务属于一个禁止性规定，为强制性规范，属于不作为，如作为则属于违法行为。

2. 合作社会计机构、会计人员的职权

合作社会计机构、会计人员有权拒绝办理或纠正违法会计事项；有权监督会计资料和财产物资等。

3. 合作社成员的职权

合作社的成员有权对本合作社的财务账目提出质疑，有权要求有关当事人对财务问题作出解释，有权直接向农村经营管理部门反映本合作社的财务管理状况。

二、会计工作的外部监督

（一）外部监督的概念

合作社会计工作的外部监督，主要是指各级农村经营管理部门对合作社及其所属单位的资产管理、财务收支等情况进行的审计监督，以及财政部门对合作社贯彻实施《会计法》的情况进行的监督。同时，外部监督也包括社会监督。社会监督主要是指社会中介机构如会计师事务所的会计师依法对委托单位的经济活动进行审计，并据实做出客观评价的一种监督形式。合作社的会计工作也可以委托社会中介机构进行审计。但目前合作社的会计工作委托社会中介机构进行审计的情况较少，所以对这方面的内容不作详细介绍。

（二）合作社会计工作外部监督的职权

（1）要求合作社提供预定事项的有关情况和资料。

（2）检查会计凭证、账簿、会计报表等有关账目，查阅其他与财务有关的文件和资料。

（3）对审计事项的有关问题向有关单位和个人进行调查，并取得有关证明材料。

（4）对合作社正在进行的违反国家规定的财务收支行为予以制止，制止无效时，可以对账册、票据等资料采取先行登记封存等临时措施。

（5）对审计中发现的问题，在法定职权范围内提出处理、处罚的意见。

（6）对合作社违反财经法规的直接责任人员和单位负责人，认为应当给予处分的，提请有关部门处理；情节严重构成犯罪的，移交司法机关依法追究刑事责任。

（7）向有关单位通报和向合作社公布审计结果。

（三）合作社会计工作外部监督的主要内容

（1）财务管理制度的建立健全和执行情况；

（2）财务收支及其有关经济活动；

（3）收益分配情况；

（4）国家财政补助、社会捐赠资金和物资的管理使用情况；

（5）其他财务收支和经济活动情况；

（6）同级人民政府和有关部门委托的其他审计事项。

第十章　农产品质量安全管理

近年来，随着农产品供求基本平衡，丰年有余，人民生活水平日益提高，农产品国际贸易的快速发展，农产品质量安全问题日益突出，已成为新阶段农业和农村经济工作亟待解决的主要问题之一。提高农产品质量安全水平，是促进农业结构调整、农民增收和农业可持续发展的需要，是保障城乡居民消费安全的需要，是提高我国农产品国际竞争力的需要，也是整顿和规范市场经济秩序的需要。

一、安全农产品及其标准

目前的安全农产品有三大类：无公害农产品、绿色农产品和有机农产品。

（一）无公害农产品及其标准

1. 无公害农产品的定义

无公害农产品是指生产基地水质、土壤、环境质量达到国家规定的无公害标准，按照特定的生产技术规程生产，将有毒有害物质含量控制在规定标准内，并由授权部门审定批准，允许使用无公害农产品标志的安全、优质、面向大众消费的初级农产品及其加工产品。

2. 无公害农产品的标志

无公害农产品标志主体由麦穗、对钩（“√”）和“无公害农产品”字样组成（图 10-1），色调由绿色和橙色组成。麦穗代表农产品，对钩（“√”）表示合格，橙色寓意成熟和丰收，绿色象征环保和安全。标志的色调与搭配，表达了农产品是绿色的产物，是环境和谐的产物，是具有生命活力的产物。整个无公害农产品标志，反映了人们追求生态平衡，向往人与自然协调发展的愿望，是一种源于农产品生产者和消费者的内心需求、潜在动力。

图 10–1　无公害农产品标志

3. *无公害农产品的认证机构与程序*

无公害农产品认证管理机关为农业部农产品质量安全中心。无公害农产品认证程序如下。

（1）省农业行政主管部门组织完成无公害农产品产地认定（包括产地环境监测），并颁发《无公害农产品产地认定证书》。

（2）无公害农产品省级工作机构接收《无公害农产品认证申请书》及附报材料后，审查材料是否齐全、完整，核实材料内容是否真实、准确，生产过程是否有禁用农业投入品使用和投入品使用不规范的行为。

（3）无公害农产品定点检测机构进行抽样、检测。

(4) 农业部农产品质量安全中心所属专业认证分中心对省级工作机构提交的初审情况和相关申请资料进行复查，对生产过程控制措施的可行性、生产记录档案和产品《检验报告》的符合性进行审查。

(5) 农业部农产品质量安全中心根据专业认证分中心审查情况再次进行形式审查，符合要求的组织召开“认证评审专家会”进行最终评审。

(6) 农业部农产品质量安全中心颁发无公害农产品证书、核发无公害农产品标志，并报农业部和国家认监委联合公告。

4. 无公害食品的标准

无公害食品标准主要包括无公害食品行业标准和农产品安全质量国家标准。前者由农业部制定，是无公害农产品认证的主要依据；后者的依据是国家质量技术监督检验检疫总局发布，2001 年 10 月 1 日开始实施的 GB 18406 和 GB/T 18407 标准，它分为两部分：无公害农产品产地环境要求和产品安全要求，现在已制定了蔬菜、水果、畜禽肉、水产品 4 类农产品的安全质量国家标准（表 10–1）。

表 10–1　农产品安全质量国家标准

标准的代号	标准的名称	标准的性质
GB 18406. 1—2001	《农产品安全质量无公害蔬菜安全要求》	强制性
GB/T 18407. 1—2001	《农产品安全质量无公害蔬菜产地环境要求》	推荐性
GB 18406. 2—2001	《农产品安全质量无公害水果安全要求》	强制性
GB/T 18407. 2—2001	《农产品安全质量无公害水果产地环境要求》	推荐性
GB 18406. 3—2001	《农产品安全质量无公害畜禽肉产品安全要求》	强制性

（续表）

标准的代号	标准的名称	标准的性质
GB/T 18407.3—2001	《农产品安全质量无公害畜禽肉产地环境要求》	推荐性
GB 18406.4—2001	《农产品安全质量无公害水产品安全要求》	强制性
GB/T 18407.4—2001	《农产品安全质量无公害水产品产地环境要求》	推荐性

（1）无公害农产品安全要求。《农产品安全质量》产品安全要求 GB 18406—2001 分为以下 4 个部分：①《农产品安全质量无公害蔬菜安全要求》（GB 18406.1—2001）。本标准对无公害蔬菜中重金属、硝酸盐、亚硝酸盐和农药残留给出了限量要求和试验方法，这些限量要求和试验方法采用了现行的国家标准，同时也对各地开展农药残留监督管理而开发的农药残留量简易测定给出了方法原理，旨在推动农药残留简易测定法的探索与完善。②《农产品安全质量无公害水果安全要求》（GB 18406.2—2001）。本标准对无公害水果中重金属、硝酸盐、亚硝酸盐和农药残留给出了限量要求和试验方法，这些限量要求和试验方法采用了现行的国家标准。③《农产品安全质量无公害畜禽肉安全要求》（GB 18406.3—2001）。本标准对无公害畜禽肉产品中重金属、亚硝酸盐、农药和兽药残留给出了限量要求和试验方法，并对畜禽肉产品微生物指标给出了要求，这些有毒有害物质限量要求、微生物指标和试验方法采用了现行的国家标准和相关的行业标准。④《农产品安全质量无公害水产品安全要求》（GB 18406.4—2001）。本标准对无公害水产品中的感官、鲜度及微生物指标作了要求，并给出了相应的试验方法，这些要求和试验方法采用了现行的国家标准和相关的行业标准。

（2）无公害农产品产地环境要求。《农产品安全质量》产地环境要求 GB/T 18407—2001 分为以下 4 个部分：①《农产品安全质量无公害蔬菜产地环境要求》(GB/T 18407.1—2001)。该标准对影响无公害蔬菜生产的水、空气、土壤等环境条件按照现行国家标准的有关要求，结合无公害蔬菜生产的实际作出了规定，为无公害蔬菜产地的选择提供了环境质量依据。②《农产品安全质量无公害水果产地环境要求》(GB/T 18407.2—2001)。该标准对影响无公害水果生产的水、空气、土壤等环境条件按照现行国家标准的有关要求，结合无公害水果生产的实际作出了规定，为无公害水果产地的选择提供了环境质量依据。③《农产品安全质量无公害畜禽肉产地环境要求》(GB/T 18407.3—2001)。该标准对影响畜禽生产的养殖场、屠宰和畜禽类产品加工厂的选址和设施，生产的畜禽饮用水、环境空气质量、畜禽场空气环境质量及加工厂水质指标及相应的试验方法、防疫制度及消毒措施按照现行标准的有关要求，结合无公害畜禽生产的实际作出了规定。从而促进我国畜禽产品质量的提高，加强产品安全质量管理，规范市场，促进农产品贸易的发展，保障人民身体健康，维护生产者、经营者和消费者的合法权益。④《农产品安全质量无公害水产品产地环境要求》(GB/T 18407.4—2001)。该标准对影响水产品生产的养殖场、水质和地质的指标及相应的试验方法按照现行标准的有关要求，结合无公害水产品生产的实际作出了规定。从而规范我国无公害水产品的生产环境，保证无公害水产品正常的生长和水产品的安全质量，促进我国无公害水产品生产。

(二) 绿色食品及其标准

1. 绿色食品的定义

绿色食品指遵循可持续发展原则，按照特定的生产方式生产，经专门机构认定，许可使用绿色食品标志的无污染的安全、优质、营养类食品的总称。其中，“遵循可持续发展的原则”是要从保护、改善生态环境入手，以开发无污染食品为突破口，将保护环境、发展经济、增进人们健康紧密地结合起来，促进环境、资源、经济、社会发展的良性循环。“特定的生产方式”是指按照标准生产、加工，对产品实施全程质量控制，依法对产品实行标志管理。“无污染”是指在绿色食品生产、加工过程中，通过严密监测、控制，防止农药残留、放射性物质、重金属、有害细菌等对食品生产各个环节的污染，以确保绿色食品产品的洁净。无污染、安全、优质、营养是绿色食品的特征。

2. 绿色食品的标志

绿色食品标志图形由三部分构成：上方的太阳、下方的叶片和中心的蓓蕾（图 10–2）。AA 级绿色食品标志与字体为绿色，底色为白色；A 级绿色食品标志与字体为白色，底色为绿色。标志图形为正圆形，意为保护、安全。整个图形描绘了一幅明媚阳光照耀下的和谐生机，告诉人们绿色食品是出自纯净、良好生态环境的安全、无污染食品，能给人们带来蓬勃的生命力。

A级绿色食品标志（左）；
AA级绿色食品标志（右）

图 10–2　绿色农产品标志

3. 绿色食品的标准

绿色食品标准由农业部发布，它包括产地环境质量标准、生产操作规程、产品质量和卫生标准、包装标准、贮藏和运输标准以及其他相关标准，它们构成了绿色食品产前、产中和产后全过程质量控制标准体系。

(1) 绿色食品产地环境质量标准。即NY/T 391—2000《绿色食品产地环境质量标准》。适用于绿色食品（AA级和A级）生产的农田、菜地、果园、牧场、养殖场和加工厂。该标准规定了产地的空气质量标准、农田灌溉水质标准、渔业水质标准、畜禽养殖用水标准和土壤环境质量标准的各项指标以及浓度限值、监测和评价方法。提出了绿色食品产地土壤肥力分级和土壤质量综合评价方法。

(2) 绿色食品生产技术标准。这是绿色食品标准体系的核心，包括生产资料使用准则和生产技术操作规程两部分。

(3) 绿色食品产品标准。该标准的卫生品质要求高于国家现行标准，主要表现在对农药残留和重金属的检测项目种类多、指标严。而且，使用的主要原料必须是来自绿色食品产地的、按绿色食品生产技术操作规程生产出来的产品。

(4) 绿色食品包装标签标准。除要求符合国家《食品标签通用标准》外，还要求符合《中国绿色食品商标标志设计使用规范手册》规定。

(5) 绿色食品贮藏、运输标准。该项标准对绿色食品贮运的条件、方法、时间作出规定。

(6) 绿色食品其他相关标准。包括“绿色食品生产资料”认定标准、“绿色食品生产基地”认定标准等。

4. 绿色食品分级

从1996年开始，绿色食品分为AA级和A级两级。

(1) AA级绿色食品标准要求。生产地的环境质量符合《绿色食品产地环境质量标准》，生产过程中不使用化学合成的农药、肥料、食品添加剂、饲料添加剂、兽药及有害于环境和人体健康的生产资料，而是通过使用有机肥、种植绿肥、作物轮作、生物或物理方法等技术，培肥土壤控制病虫草害、保护或提高产品品质，从而保证产品质量符合绿色食品产品AA级标准要求。AA 级绿色食品完全达到或严于国际同类食品标准，AA 级标准等效采用欧盟和国际有机农业运动联盟（IFOAM）的有关原则。

（2）A 级绿色食品标准要求。生产地的环境质量符合《绿色食品产地环境质量标准》，生产过程中严格按照绿色食品生产资料使用准则和生产操作规程要求，限量使用规定的化学合成生产资料，并积极采用生物学技术和物理方法，保证产品质量符合绿色食品产品 A 级标准要求。A 级标准参照联合国粮农组织和世界卫生食品法典委员会（CAC）标准、欧盟质量安全标准。

5. 绿色食品的标志管理

根据《中国绿色食品商标标志设计使用规范手册》的规定，绿色食品的标志由 4 个部分组成。即绿色食品标志图形、中文“绿色食品”文字、英文“Green Food”编号及防伪标签，须全部体现在产品包装上。绿色食品商标标志是中国绿色食品发展中心在国家工商行政管理总局注册的质量证明商标，凡标志图形出现时，必须附注册商标符号“R”。在产品编号正后方或正下方须注明“经中国绿色食品发展中心许可使用绿色食品标志”的文字字样。

绿色食品编号顺序为：LB-××-××-××-××-××××-A（AA），分别代表：绿标—产品类别—认证年份—认证月份—省份（国别）—产品序号—产品级别。

（三）有机食品及其标准

1. 有机食品的定义

有机食品或称有机农业产品、生态食品、生物食品或自然食品等，是指来自有机农业生产体系的食品，根据国际有机农业生产要求和有机食品标准规定的生产管理过程进行生产加工的，并通过独立的有机食品认证机构认证的可食用农副产品及其加工品。这里所说的“有机”不是化学上的概念，而是指采取一种有机的耕作和加工方式。

2. 有机食品的标志

有机食品标志采用人手和叶片为创意元素（图 10-3）。我们可以感觉到两种景象，其一是一只手向上持着一片绿叶，寓意人类对自然和生命的渴望；其二是两只手一上一下握在一起，将绿叶拟人化为自然的手，寓意人类的生存离不开大自然的呵护，人与自然需要和谐美好的生存关系。

图 10-3 有机食品的标志

3. 有机食品的标准

有机农产品执行的是国际有机农业运动联盟（IFOAM）的“有机农业和产品加工基本标准”。

（1）有机食品的条件。①原料必须来自于已建立的有机农业生产体系，或采用有机方式采集的野生天然产品。②产品在整个生产过程中严格遵循有机食品的采集、加工、包装、贮藏、运输标准，禁止使用化学合成的农药、化肥、激素、抗生素、食品添加剂等，禁止使用基因工程技术及该技术的产物及其衍生物。③生产者在有机食品生产和流通过程中，必须建立严格的质量管理体系、生产过程控制体系和追踪体系，因此，一般需要有转换期，有完整的生产和销售记录档案。④必须通过独立的合法的有机食品认证机构认证。

（2）有机食品生产的基本要求。①生产基地在最近3年内未使用过农药、化肥等违禁物质。②种子或种苗来自于自然界，未经基因工程技术改造过。③生产基地应建立长期的土地培肥、植物保护、作物轮作和畜禽养殖计划。④生产基地无水土流失、风蚀及其他环境问题。⑤作物在收获、清洁、干燥、贮存和运输过程中应避免污染。⑥从常规生产系统向有机生产转换通常需要2年以上的时间，新开荒地、撂荒地需要至少经过12个月的转换期才有可能获得颁证。⑦在生产和流通过程中，必须有完善的质量控制和跟踪审查体系，并有完整的生产和销售记录档案。

二、农产品与食品质量安全市场准入制度

（一）农产品市场准入制度

1. 农产品市场准入制度的定义

农产品市场准入制度，是指按照法律、法规、规章的规定，对经认证的无公害农产品、绿色食品、有机食品和符合国家质量安全标准要求的农产品准予销售，对未经认证或者经检测不符合国家质量安全标准的农产品禁止销售的管理制度。对于准予进入市场销售的农产品，要依法实行标志、标牌销售管理，必须注明品名、产地、生产者、生产日期、保质期。

2. 河北省农产品市场准入制度

关于农产品市场准入制度还没有全国统一的法律法规，许多地方颁布了有关的地方行政法规或规章，如自2008年5月1日起河北省施行《河北省农产品市场准入办法》，该类规章适用范围为河北省行政区域内的批发市场、农贸市场等各类市场和超市、配送中心等各类市场主体销售农产品的经营活动。

按照《河北省农产品市场准入办法》规定，河北省的农产品市场准入，将按照统一规划、分步实施、逐步推进、不断完善的原则，分品种、分阶段、分步骤进行。自2008年7月1日起，在设区市城区内的批发市场超市和配送中心销售的蔬菜、果品、畜禽产品和水产品，实行市场准入，具体准入品种由设区市政府根据当地实际规定。自2009年1月1日起，在县（市）城区内的批发市场超市和配送中心销售的蔬菜、果品、畜禽产品和水产品，实行市场准入，具体准入品种由县（市）政府根据当地实际规定。2010年12月31日前，河北省行政区域内批发市场农贸市场等各类市场和超市、配送中心等各类市场主体销售的所有农产品，均实行市场准入。

符合下列条件之一的6种农产品可免检进入市场销售：在认证有效期内的无公害农产品、绿色食品、有机农产品，凭认证标志；经法定检测机构检验符合国家质量安全标准的同一批农产品，凭有效的合格证明；与农产品销售市场签订销售合同的无公害农产品认定产地生产的农产品，凭产地证明和销售合同；农产品批发市场送销的农产品，凭市场主办单位出具的产地证明和检测报告；其他符合质量安全标准的农产品，凭县级农业行政主管部门或者乡（镇）政府、村委会、农民专业合作经济组织等出具的产地证明和检测报告；实行定点屠宰并取得检疫合格标志的猪肉，凭检疫合格标志，其他依法需要实施检疫的动植物及其产品，除凭上述有关证明外，还需提供检疫合格标志、检疫合格证明。

（二）食品质量安全市场准入制度

1. 食品质量安全市场准入制度的定义

食品质量安全市场准入制度就是，为保证食品的质量安全，具备规定条件的生产者才允许进行生产经营活动、具备规定条件的食品才允许生产销售的监管制度。因此，实行食品质量安全市场准入制度是一种政府行为，是一项行政许可制度。

2004 年国家质检总局以确保产品质量为目标，深入开展质量振兴活动，探索建立和完善产品质量监管的长效机制，食品市场准入工作全面推进，28 大类食品纳入监管，米、面、油、酱油、醋 5 类食品率先完成市场准入工作。随后肉制品、乳制品、饮料、调味品、方便面、饼干、罐头、冷冻饮品、速冻米面食品、膨化食品等 10 类食品 2005 年年底基本完成准入制度。2006 年年底剩余的 13 类产品（咖啡、糖果、啤酒、黄酒、葡萄酒和果酒、蜜饯、可可制品、淀粉和淀粉制品、炒货、水产品、蛋制品、茶叶、酱腌菜）完成市场准入制度。不符合市场准入条件的企业被淘汰。

2. 食品质量安全市场准入制度包括的内容

食品质量安全市场准入制度包括 3 个方面内容。

（1）对食品生产加工企业实行生产许可证管理。实行生产许可证管理是指对食品生产加工企业的环境条件、生产设备、加工工艺过程、原材料把关、执行产品标准、人员资质、储运条件、检测能力、质量管理制度和包装要求等条件进行审查，并对其产品进行抽样检验。对符合条件且产品经全部项目检验合格的企业，颁发食品质量安全生产许可证，允许其从事食品生产加工。已获得出入境检验检疫机构颁发的《出口食品厂卫生注册证》的企业，其生产加工的食品在国内销售的，以及获得 HACCP 认证的企业，在申办食品安全质量许可证时可以简化或免于工厂生产必备条件审查。

（2）对食品出厂实行强制检验。其具体要求有 3 个：一是那些取得食品质量安全生产许可证并经质量技术监督部门核准，具有产品出厂检验能力的企业，可以实施自行检验其出厂的食品。实行自行检验的企业，应当定期将样品送到指定的法定检验机构进行定期检验。二是已经取得食品质量安全生产许可证，但不具备产品出厂检验能力的企业，按照就近就便的原则，委托指定的法定检验机构进行食品出厂检验。三是承担食品检验工作的检验机构，必须具备法定资格和条件，经省级以上（含省级）质量技术监督部门审查核准，由国家质检总局统一公布承担食品检验工作的检验机构名录。

（3）实施食品质量安全市场准入标志管理。获得食品质量安全生产许可证的企业，其生产加工的食品经出厂检验合格的，在出厂销售之前，必须在最小销售单元的食品包装上标注由国家统一制定的食品质量安全生产许可证编号并加印或者加贴食品质量安全市场准入标志，并以“质量安全”的英文名称 Quality Safety 的缩写“QS”表示。国家质检总局统一制定食品质量安全市场准入标志的式样和使用办法。QS 标志由中文“质量安全”和英文字母蓝白色“QS”图案组成（图 10-4），QS 标志下必须有食品生产许可证号。食品生产许可证号由 12 位阿拉伯数字组成，前 4 位为地区代码，接下来 4 位为食品类别，“0101”为小麦粉，“0102”为大米，“0201”为食用植物油，“0301”为酱油，“0302”为食醋。

质量安全

图 10-4　QS 标志图形

三、农业标准化生产

（一）农业标准化的定义

农业标准化是指运用“统一、简化、优选”的原则，通过制定和实施农业产前、产中、产后各个环节的工艺流程和衡量标准，使生产过程规范化、系统化，提高农业新技术的可操作性，将先进的科研成果尽快转化成现实生产力，取得经济、社会和生态的最佳效益。其核心内容是建立一整套质量标准和技术操作规程，建立监督检测体系，建立市场准入制度。

农业标准化融技术、经济、管理于一体，是“科技兴农”的载体和基础，是农业增长方式由粗放型向集约型转变的重要内容之一。它还是农业生产的科学化、系统化，有利于形成规模生产能力，提高“一优两高”农业的比重，对于发展农业经济有着重要的作用。

简单地说，就是把标准化活动应用到农业生产中去，为农业生产和农产品出口服务。实现农业既快又好地发展。

农业标准化是一项系统工程，这项工程的基础是农业标准体系、农业质量监测体系和农产品评价认证体系建设。三大体系中，标准体系是基础中的基础，只有建立健全涵盖农业生产的产前、产中、产后等各个环节的标准体系，农业生产经营才有章可循、有标可依；质量监测体系是保障，它为有效监督农业投入品和农产品质量提供科学的依据；产品评价认证体系则是评价农产品状况、监督农业标准化进程、促进品牌、名牌战略实施的重要基础体系。三大基础体系是密不可分的有机整体，互为作用，缺一不可。农业标准化工程的核心工作是标准的实施与推广，是标准化基地的建设与蔓延，由点及面，逐步推进，最终实现生产的基地化和基地的标准化。同时，这项工程的实施还必须有完善的农业质量监督管理体系、健全的社会化服务体系、较高的产业化组织程度和高效的市场运作机制作保障。

（二）农业标准化的主要内容

农业标准化的内容十分广泛，主要有以下8项。

1. 农业基础标准

是指在一定范围内作为其他标准的基础并普遍使用的标准。主要是指在农业生产技术中所涉及的名词、术语、符号、定义、计量、包装、运输、贮存、科技档案管理及分析测试标准等。

2. 种子、种苗标准

主要包括农、林、果、蔬等种子、种苗、种畜、种禽、鱼苗等品种的种性和种子质量分级标准、生产技术操作规程、包装、运输、贮存、标志及检验方法等。

3. 产品标准

是指为保证产品的适用性，对产品必须达到的某些或全部要求制订的标准。主要包括农、林、牧、渔等产品品种、规格。质量分级、试验方法、包装、运输、贮存、农机具标准、农资标准以及农业用分析测试仪器标准等。

4. 方法标准

是指以试验、检查、分析、抽样、统计、计算、测定、作业等各种方法为对象而制订的标准。包括选育、栽培、饲养等技术操作规程、规范、试验设计、病虫害测报、农药使用、动植物检疫等方法或条例。

5. 环境保护标准

是指为保护环境和有利于生态平衡、对大气、水质、土壤、噪声等环境质量、污染源检测方法以及其他有关事项制订的标准。例如水质、水土保持、农药安全使用、绿化等方面的标准。

6. 卫生标准

是指为了保护人体和其他动物身体健康，对食品饲料及其他方面的卫生要求而制订的农产品卫生标准。主要包括农产品中的农药残留及其他重金属等有害物质残留允许量的标准。

7. 农业工程和工程构件标准

是指围绕农业基本建设中各类工程的勘察、规划、设计、施工、安装、验收，以及农业工程构件等方面需要协调统一的事项所制订的标准。如塑料大棚、种子库、沼气池、牧场、畜禽圈舍、鱼塘、人工气候室等。

8. 管理标准

是指对农业标准领域中需要协调统一的管理事项所制订的标准。如标准分级管理办法、农产品质量监督检验办法及各种审定办法等。

四、农产品质量安全可追溯制度

（一）农产品质量安全可追溯制度的定义

为保证农产品质量安全，需要从源头开始抓好农产品安全监管工作，要建立一套质量追踪、追查、追溯的机制和制度，保证农产品质量安全。这样，一旦农产品出现问题，特别是出现危及消费者生命和健康的重大问题时，可追究直接责任人和监管部门的违规责任。通过建立从产地到市场的全程质量控制系统和追溯制度，对农产品产地环境、生产过程、产品检测、包装盒标志等关键环节进行监督管理，提高广大生产者的安全意识和责任意识，切实保障农产品的质量安全。

从20世纪90年代开始，许多国家和地区通过追溯制度建立推进农产品质量安全管理。如，欧盟于1997年开始逐步建立食品信息可追踪系统，美国于2003年5月公布了《食品安全跟踪条例》，巴西从2004年3月15日起对肉牛实施强制性生长记录，实行从出生到餐桌的生长情况监控。追溯制度建设作为农产品安全质量安全管理的有效手段已经越来越受到国家的重视。

上海市 2001 年颁布了《上海市食用农产品安全监管暂行办法》，提出在流通环节建立“市场档案可溯源制”。天津市实行了无公害蔬菜可溯源制，推出网上无公害蔬菜订菜服务。北京顺义区 2005 年在北京市率先启动蔬菜分级包装和质量可溯源制。兰州市通过建立经营户档案，加强渔用投入品管理，推行产地品种准出制度等，建立了水产品质量安全追溯制度。黑龙江垦区以稻米和畜产品为重点，实施了农产品质量安全信息可追溯管理。山东寿光市等地开展了以条形码为主要手段的“无公害蔬菜质量追溯系统”的研究与建设。南京市以农产品质量安全网站为监管平台，启动了农产品质量 IC 卡管理体系。

自 2004 年农业部启动 8 城市农产品质量安全监管系统试点工作以来，各地在农产品追溯制度、市场准入建立等方面开展了积极的探索和行动，全国农产品质量安全追溯制度建设取得重大进展。

（二）农产品质量安全可追溯制度的基本类型

1. 农业生产环节可追溯制度

农业生产环节可追溯制度主要推行良好的生产规范（GMP），即所有生产过程，从种子处理、土壤消毒、栽培方式、灌溉、施肥、使用农药到收获都要有详细记录，能够追溯到哪个生产基地、品种、生产时间，从源头上保证农产品质量。

2. 包装加工环节可追溯制度

在农产品加工生产过程中实行的可追溯形式有良好生产规范（GMP）和危害分析与关键点控制（HACCP）两种管理体系。实行 GMP 和 HACCP 都是以第三方认证形式建立的产品质量可追溯制度，人们可以不强调农产品认证，但必须要求农产品生产的每一个环节都是可控、安全和可追溯的。因此，GMP 和 HACCP 管理体系是企业生产过程中的选择。

3. 运输、销售过程可追溯制度

所有涉及农产品供应商都必须建立农产品可追溯制度。具体实施起来，可以分为前追溯制度、中追溯制度和后追溯制度。前追溯制度主要记录内容包括企业名称及其所拥有的信息；农产品名称、农产品出产日期；商标名称、农产品类型、农产品品种特性、农产品等级等；农产品生产者、主要生产过程、农产品包装者；生产区域信息；单位包装数量或重量。后追溯制度主要记录内容包括农产品接受者企业名称所拥有的信息；描述农产品交割的类型，包括农产品商标名称、农产品品种特性等；农产品交割日期；谁生产，生产工艺如何，谁包装，以及带有产品识别条码信息等；农产品包装规格；外包装损坏程度；农产品的保存期；农产品的保质期；农产品运输企业名称以及与运输企业相关的农产品后追溯信息。中追溯制度主要涉及的是运输、销售过程的农产品供应可追溯和 HACCP 认证。运输企业主要是承接供应商给出的农产品主要信息并转给批发、零售商。批发商除将产品供应商提供的信息输入电脑外，还要对农产品进行分类标志，建立本企业的条形码信息，该条形码信息主要记录有：反映本企业信息；对入库农产品进行货柜编号；标出每一货柜的农产品信息，包括产地信息；进口农产品需请农业部检疫局进行农产品检验，合格农产品盖有标志章；经过 HACCP 认证的农产品，贴有 HACCP 认证机构的标志，通过有机认证农产品，贴有农产品认证标志；农产品的接受者企业名称所拥有的信息。零售商同样需要了解以上信息，同时建立零售企业条形码。该条形码记录的主要内容包括农产品的产地、属性；农产品集装箱号码；农产品包装类型、包装容器；农产品种类、农产品形式；农产品品种；农产品质量；是否有机认证、HACCP 认证等。实行召回制度，如果在消费环节出了问题，企业有责任将农产品召回。

五、农产品质量安全法

（一）农产品质量安全法的定义

农产品质量安全法是指调整农产品质量安全的法律法规的总称。狭义的农产品质量安全法是指第十届全国人大常委会第二十一次会议于2006年4月29日通过，自2006年11月1日起施行的《中华人民共和国农产品质量安全法》（以下简称《农产品质量安全法》）。广义的农产品质量安全法指《中华人民共和国农产品质量安全法》和与此相关的法律法规，包括已经颁布实施的《中华人民共和国农产品卫生法》《中华人民共和国标准化法》《中华人民共和国产品质量法》《中华人民共和国计量法》《中华人民共和国农业法》《中华人民共和国种子法》《中华人民共和国渔业法》《农药管理条例》《兽药管理条例》《饲料和饲料添加剂管理条例》等法律法规。

（二）农产品质量安全法的主要内容

1. 农产品产地

（1）管理部门。县级以上地方政府具有监管主体地位。①县级以上地方人民政府农业行政主管部门按照保障农产品质量安全的要求，根据农产品品种特性和生产区域大气、土壤、水体中有毒有害物质状况等因素，认为不适宜特定农产品生产的，提出禁止生产的区域，报本级人民政府批准后公布。②县级以上人民政府应当采取措施，加强农产品基地建设，改善农产品的生产条件。

（2）农产品产地的禁止性规定。①禁止在有毒有害物质超过规定标准的区域生产、捕捞、采集食用农产品和建立农产品生产基地。②禁止违反法律、法规的规定向农产品产地排放或者倾倒废水、废气、固体废物或者其他有毒有害物质。农业生产用水和用作肥料的固体废物，应当符合国家规定的标准。

③农产品生产者应当合理使用化肥、农药、兽药、农用薄膜等化工产品，防止对农产品产地造成污染。

2. *农产品生产*

（1）农业投入品的生产许可与监督抽查。对可能影响农产品质量安全的农药、兽药、饲料和饲料添加剂、肥料、兽医器械，依照有关法律、行政法规的规定实行许可制度。各级政府农业行政主管部门应当定期对农业投入品进行监督抽查，并公布抽查结果，建立健全农业投入品的安全使用制度。

（2）农产品生产档案记录。农产品生产企业和农民专业合作经济组织应当建立农产品生产记录，记载事项包括：①使用农业投入品的名称、来源、用法、用量和使用、停用的日期。②动物疫病、植物病虫草害的发生和防治情况。③收获、屠宰或者捕捞的日期。农产品生产记录应当保存 2 年。禁止伪造农产品生产记录。

（3）农产品质量安全控制体系。①农产品生产者自检。农产品生产者应当按照法律、行政法规和国务院农业行政主管部门的规定，合理使用农业投入品，严格执行农业投入品使用安全间隔期或者休药期的规定，防止危及农产品质量安全。②农产品行业协会自律。农产品生产企业和农民专业合作经济组织，应当自行或者委托检测机构对农产品质量安全状况进行检测。农民专业合作经济组织和农产品行业协会对其成员应当及时提供生产技术服务，建立农产品质量安全管理制度，健全农产品质量安全控制体系，加强自律管理。

3. *农产品包装和标志*

（1）农产品包装与标志的要求。包装上市的农产品，应当在包装上标注或者附加标志，标明品名、产地、生产者或者销售者名称、生产日期。有分级标准或者使用添加剂的，还应当标明产品质量等级或者添加剂名称。不能包装的农产品，应当采取附加标签、标志牌、标志带、说明书等形式标明农产品的品名、生产地、生产者或者销售者名称等内容。其目的是逐步建立农产品质量安全追溯制度。

（2）对于特定农产品的要求。①国务院农业行政主管部门规定在销售时应当包装和附加标志的农产品，应当按照规定包装或者附加标志后方可销售。②属于农业转基因生物的农产品，应当按照农业转基因生物安全管理的规定进行标志。③依法需要实施检疫的动植物及其产品，应当附具检疫合格的标志、证明；农产品在包装、保鲜、贮存、运输中使用的保鲜剂、防腐剂和添加剂等材料，应当符合国家有关强制性的技术规范。④销售的农产品符合农产品质量安全标准的，生产者可以申请使用无公害农产品标志。⑤农产品质量符合国家规定的有关优质农产品标准的，生产者可以申请使用相应的农产品质量标志。

以上法规既保护了消费者的对农产品基本情况的知情权，也改变了农产品市场由于信息不对称引起的逆向选择，为安全优质农产品的生产者得到应有收益提供了基本保障。

4. 监督检查

（1）农产品不得上市销售的情形。①含有国家禁止使用的农药、兽药或者其他化学物质的。②农药、兽药等化学物质残留或者含有的重金属等有毒有害物质不符合农产品质量安全标准的。③含有的致病性寄生虫、微生物或者生物毒素不符合农产品质量安全标准的。④使用的保鲜剂、防腐剂、添加剂等材料不符合国家有关强制性的技术规范的。⑤其他不符合农产品质量安全标准的。

（2）农产品质量安全监测制度。①县级以上人民政府农业行政主管部门对生产中或者市场上销售的农产品进行监督抽查。监督抽查结果由省级以上人民政府农业行政主管部门按照权限予以公布，以保障公众对农产品质量安全状况的知情权。②监督抽查检测应当委托具有相应的检测条件和能力的检测机构承担，并不得向被抽查人收取费用，被抽查人对监督抽查结果有异议的，可以申请复检。③县级以上农业主管部门可以对生产、销售的农产品进行现场检查，查阅、复制与农产品质量安全有关的记录和其他资料，调查了解相关情况，对经检测不符合农产品质量安全标准的农产品，有权查封、扣押；对检查发现的不符合农产品质量安全标准的产品，责令停止销售，并进行无害化处理或者予以监督销毁。

《中华人民共和国农产品质量安全法》对各种违法行为的处理、处罚作出了详细的规定。

第十一章　农产品市场营销管理

当前我国农产品卖难现象时有发生，农产品市场竞争日趋激烈，农业生产者、经营者和组织者必须正确认识农产品市场新形势，认真分析市场变化新趋势，积极开展农产品的市场营销活动。农产品市场营销活动贯穿于农产品生产和流通、交易的全过程。加强农产品市场营销，对于推动农产品市场需求，切实增加农民收入，具有重要意义。

一、农产品促销策略

（一）农产品促销的定义

农产品促销是指农产品生产者与经营者个人与组织，在农产品从农户到消费者流程中，实现个人和社会需求目标的各种农产品创造和农产品交易的一系列活动。包括 3 方面内容：农产品促销的主体是农产品生产和经营的个人和组织；农产品促销贯穿于农产品生产和流通、交易的全过程；农产品促销概念体现了一定的社会价值或社会属性，其最终目标是满足社会及人们的需求和欲望。

（二）农产品促销的方式

1. 加强农产品市场体系建设

为加快农产品市场体系建设，提高农产品流通效率，保障农产品有效供给，会同有关部门积极推进农产品市场升级拓展，发展农产品现代流通业态，促进农产品“农超”对接，构建农产品产销平台。当前我国农产品市场建设现状表现如下。

（1）农产品市场建设发展迅速。我国农产品市场发展迅速，类别繁多，包括粮油市场、蔬菜市场、水产品市场、肉食禽蛋市场、干鲜果品市场等。农产品市场数目基本稳定，交易额稳步上升，这主要是因为我国农产品交易市场在经历了几十年快速增长和规模扩张后，现正逐步实现从数量扩张向质量提升，流通规模上台阶，市场硬件设施明显改善，商品档次日益提高，市场运行质量日趋看好。

（2）农产品批发市场成为农产品流通的主渠道。农产品市场覆盖了几乎所有的大、中、小城市和农产品集中产区，基本形成了以城乡集贸市场和农产品批发市场为主导的农产品营销渠道体系，构筑了贯通全国城乡的农产品流通大动脉。目前大、中、小城市消费的生鲜农产品80%~90%是通过批发市场提供的，农产品批发市场的大力发展，对于搞活农产品流通、增加农民收入、满足城镇居民农产品消费需求发挥着积极作用。

（3）以配送、超市、大卖场等为主的现代流通方式发展势头迅猛。超市作为一种新型现代营销业态在近几年也逐步涉足农产品销售领域，成为农产品营销渠道体系里的新成员，并与传统的集贸市场在零售终端展开了激烈的竞争，传统农贸市场的市场地位正受到挑战。另一方面，南京、广州、武汉、上海等地政府在大力推行“农改超”工程，旨在打造高效安全的农产品营销网络，使之与城市经济发展相适应。

（4）农产品营销中介发展活跃。现阶段，各种农产品购销主体：个体户、专业户、联合体不断发展壮大。依托这些活跃在城乡各地的农产品营销中介组织，使得小规模生产和大市场实现了对接，改变了过去产销脱节的尴尬局面，有效地缓解了农产品销售难的问题。他们的出现带动了上游生产基地的发育壮大，带领农民走向市场，帮助农民致富，对地区农业发展起到了一定的促进作用。

2. 加强农产品营销协会建设

农业市场化能否达到预期目标以及我国农业能否经受住国际大农业的竞争，主要取决于我国广大农户能否顺利进入市场，实现其生产经营与市场的有效连接以及在此基础上能否克服单个农户的弱势地位、形成群体合力、具备整体竞争能力。在家庭经营长期不变的前提下，如何通过组织创新克服我国农户小规模、分散化经营的局限性，搞活农产品流通，提高农户营销能力，进而提高我国农产品的市场竞争力，实现农业增效、农民增收是我国农业发展面临的必须解决的问题。

近年来，我国各地兴起的农产品营销合作组织在解决这个问题方面进行了有效的探索。成立相关农产品营销协会，吸引农业龙头企业、农民专业合作组织、农产品批发市场、农民经纪人、种养大户等主体入会。在开展培训活动的同时，发布农产品价格、农业政策等信息，向社会推介安全优质农产品。

3. 开展农产品网络营销

网络营销在农产品产业中的应用主要是以互联网及网络技术为支持，借助农产品行业网站、企业网站以及各级政府的农业信息网，实现双向的信息流。即农产品的生产、流通、加工等企业和农户，通过网络及时、形象地发布和获取相关的商品供求及服务信息。与传统营销相比，网络营销的优势表现如下。

（1）满足目标顾客的消费需求。现代市场营销观念是以营销者更好地满足目标顾客的需要和欲望为出发点的。但这在技术和成本限制下，营销者只能将目标顾客作为一个群体去看待，提供的只能是类似的产品和服务，无法实现针对目标顾客个人的营销及服务。网络技术的飞速发展，使得数据库处理的硬件和软件成本大幅度下降，农产品营销管理者采用网上营销，搜集、编辑、整理和分析其顾客的数据资料，能够以目标化的互动传输方式为客户提供个性化的产品和服务。

（2）有助于农产品营销者发现新的市场。首先，农产品营销者可要求用户在访问时输入个人的有关特征资料，并自动录入数据库中，通过分析这些特定顾客，了解其需要和欲望，并从顾客的原有数据中发现新机会，赢得新效益。其次，由于网上营销要求农产品营销者不断与特定的顾客互动，建立一种有效的消费者反应机制，进而从顾客的反应中发现顾客的新需求，为顾客提供新产品和新服务。

（3）加强农户与外界的联系，促进农产品销售。根据农产品有季节性和不易长期贮存的特点，农户必须及时了解市场信息和消费者的消费意愿和动向，沟通买卖双方的流通渠道，尽快将自己的产品顺利地卖出去。网络营销有利于农户与外界的联系，加快农产品营销的速度，可降低成本，增加经济效益，提高效率。

（4）加深农户和顾客的互动关系，为农户开发稳定长久的客户资源打下良好的基础。农户可以根据用户的需求进行生产。一改以前只埋头生产，换之为先从网上了解客户未来的采购信息，在相互沟通的基础上按订单生产。从而减少了生产的盲目性，为农户开发出了稳定的客户群。

（5）农民可以通过网上调查分析市场需求，决定生产方向。网络能够及时地将信息传送到世界的每一个角落，农户通过互联网能及时了解世界各地的市场信息和营销情况，来制定种植、生产加工、销售等计划。例如，近几年来，随着人民生活水平的不断提高，罐头食品在市场上的销售量不断减少，而鲜活农产品的需求量不断上升，我国北方农户根据这一信息及时调整种植方向，蔬菜大棚面积迅速增加，给农户带来了可观的经济效益。

（三）农产品促销策略

1. “推动”策略

使用“推动”策略的经营者，主要是利用人员推销和其他营业推广手段，把产品“推”向市场，使用这一策略，大多是生产者有雄厚的推销人员队伍，或产品声誉较高，或者是采购者的目标比较集中。许多大连锁店都在推销农产品采用上门访问，征求意见，密切相互关系，在积极巩固老客户的同时，通过老客户介绍扩大新客户，在目标市场上建立包括工商联销、联营网点的销售网点。

2. “拉动”策略

经营者利用广告和其他宣传措施，来引起消费者对产品或服务的兴趣。如果这些促销措施奏效，消费者就会自动购买各种商品。使用这一策略，主要是产品的促销对象比较广泛，使用人员推销在经济上不合算，或者新产品初上市，需要扩大知名度。如1999年蒙牛集团在无奶源、无工厂、无市场的创立初期，大胆采取了“先建市场，后建工厂”的发展战略，使用灯箱广告牌在大本营呼和浩特打开局面、奥运捐款等一系列营销活动打响品牌知名度，拉动全国市场的销售，并为进一步的品牌建设奠定基础。

3. 攻击型策略

攻击型策略是对竞争者采取主动出击的策略，想别人所未想，注意别人容易忽视的地方。目前，主要的进攻策略有避实就虚策略和引导销售策略。福建某知名食品企业，在奥运会期间投资巨额资金聘请演员周迅担任品牌形象代言人，首选中央一台黄金时段进行广告投放，一举成为维生素糖果的领导品牌。

4. 形象型策略

形象型策略也称信誉促销策略，就是千方百计提高产品在顾客中的形象，经营者不但要在广告宣传中树立起产品的形象，更重要的是研究用户心理，千方百计在用户的心目中树立良好的形象。我们现在很多农业企业获得了ISO9000系列的质量认证，这种认证除了能够对企业及员工的安全生产起到很好的保护作用外，还应该对保护消费者健康、社会公众人身财产安全、环境保护发生约束作用。

5. 系列促销策略

就是将若干种互有关联的产品配在一起进行销售，这样既扩大了销售，又赢得了用户的心。如山东寿光就长期给自己的蔬菜进行广告促销，增加了销量。

农产品促销八法

兑换销售。即以物换物，如一些农民拿着自家产的水果、西瓜等换取其他农户的粮食，或者是城里的商贩拿着日杂用品到农村兑换粮食。这种销售方式，农民不花现金，却能得到需要的商品，较受农民欢迎。

赊账销售。对一些有信用但手中缺现金的农民，或者农民不太放心的批量较少，用量较大，而生产周期又较长的商品，如蔬菜种子、瓜类种子、新型农药、新型品种等，可采取先赊账，等有收益后再付款的方法，也是农民愿意接受的方式。

示范销售。对于一些新品种或新产品，农民购买不放心，可先试种或试用，让农户看到效果后再出售。如某农民欲出售1年可结果的优质核桃苗，自己先栽种了2亩地示范，其他农户看到核桃树确实结果后，纷纷购苗。

贮藏销售。对一些农产品，上市旺季价格往往较低，可采用贮存的方式，等到淡季缺货后再上市销售，往往能够增值。如苹果旺季时，价格约为每千克3.5元，而储存到春节时上市，价格则为每千克8元，增值达1倍以上。

投保销售。有些产品出售时，为了让消费者信服，在售出时到保险公司投保，农民可放心购买。

分割销售。有些农产品出售时，分割成各个部分比整体出售效益要高出许多。如鸭子整只价格为20元左右，而分割成鸭舌、鸭头、鸭脯、鸭翅出售，则可售到30元以上。

篷车销售。在农忙季节，将农民急需的商品送下乡、送上门，可节省农民时间，销势肯定会好。

有奖销售。有些商品如化肥，设若干奖项，可刺激农民的购买欲，为获得奖品，农民购货要多一些。

资料来源：北京农业信息网，2006. 2. 24

二、农产品营销渠道

（一）农产品营销渠道的定义

“营销渠道”又称分销渠道，有人又称之为“配销渠道”“销售通路”和“流通渠道”。根据科特勒的营销思想，农产品营销渠道是为一切促使农产品顺利地被使用或消费的一系列相互依存的组织或个人。它包括供应商、经销商（批发商、零售商等）、代理商（经纪人、销售代理等）、辅助商（运输公司、独立仓库、银行、广告代理、咨询机构等）。

农产品营销渠道是农产品营销学固有的内容，它伴随农产品营销的发展而发展。尤其在我国农产品买方市场的形成和农产品市场的国际化背景下，农产品营销发展迅速，农产品市场已经从供给管理为导向的营销观念转向产品需求管理为导向。由于农产品营销渠道的建立、改造和创新具有时滞性，所以在农产品营销运作中，往往更注重产品、定价和促销等营销策略。但建立适应市场需求的农产品营销渠道，将会保持更持久的竞争优势。

（二）农产品营销渠道的类型

1. 生产者—消费者

这种模式又叫直接渠道，它是指农产品生产者直接将产品销售给消费者，不经过任何中间商，是最直接、最简单和最短的渠道类型。直接渠道在农产品中表现最突出的是鲜活农产品的销售。该类产品一般由农产品生产者在地头、田边、农贸市场直接出售给消费者，或者是直接把农产品送到客户（旅馆、饭店等）手中，或者农产品生产者利用计算机网络直接与客户达成交易等。

2. 生产者—零售商—消费者

这种模式也称一层通道，它是指农业生产者将农产品出售给零售商，再由零售商转卖给最终消费者。生产者和消费者中间经过一道零售环节。

3. 生产者—批发商—零售商—消费者

这种模式为大多数中、小型企业和零售商所采用，农业生产者将农产品出售给批发商，批发商再转卖给零售商，最后出售给消费者。我国大中城市蔬菜消费就主要通过这种渠道流通。例如，在蔬菜生产基地，批发商大量收集蔬菜并运送到大的消费地批发市场，在市场出售给零售商，零售商最终在集贸市场销售。

4. 生产者—收购商—批发商—零售商—消费者

这种模式是在生产者和批发商之间又经过一道收购商环节，收购商起到了集中分散货物的作用。收购商多是在基层商业部门设立的独立核算的收购站和供销社，代表政府或企业收购农副土特产品后然后交给市、县商业批发企业。

5. 生产者—加工商—批发商—零售商—消费者

这种模式是生产者将农产品出售给加工商，而不是批发商，原始形态不适合消费者直接消费，必须经过加工的农产品采用这种方式。加工是整个农产品流通过程的主要环节，采用这种渠道模式，一般在农产品产地设有农产品加工厂，便于生产者直接出售。

6. 生产者—收购商—加工商—批发商—零售商—消费者

这种模式是收购商到生产者处收购，转卖给加工商，加工之后通过批发零售环节最终实现产品销售。与前一个渠道不同的是，这类农产品大多是必须经过特殊处理才能运输，或者数量达到一定数额才能销售的产品。

7. 生产者—代理商—收购商—加工商—批发商—零售商—消费者

这种模式增加了代理商的环节，代理商存在的意义在于它并不拥有产品的所有权，只是代理收购并销售。例如，农村地区的生猪代购代销员。

三、农产品绿色营销策略

（一）农产品绿色营销的定义

农产品绿色营销也就是农产品的生产经营者，在实现自身的既定目标，满足消费者需要而开展一系列的经营活动的过程中，注重自然生态平衡，减少环境污染，保护和节约自然资源，维护人类社会长远利益及其长久发展。这也正是适应当今绿色时代所需的营销方式，所以也是大有发展前景的。绿色是市场的主流，狠抓环保、健康来促进绿色营销。

农产品实现绿色营销，是实现可持续发展的生态农业的必然选择，成为企业参与农产品国际竞争的新武器，也是21世纪中国农产品进入国际市场的有效通行证。

（二）农产品绿色营销策略

1. 绿色推广

通过绿色营销人员的绿色推销和营业推广，从销售现场到推销实地，直接向消费者宣传、推广产品绿色信息，讲解、示范产品的绿色功能，回答消费者绿色咨询，宣讲绿色营销的各种环境现状和发展趋势，激励消费者的消费欲望。同时，通过试用、馈赠、竞赛、优惠等策略，引导消费兴趣，促成购买行为。

2. 绿色广告

当前最受欢迎且效果明显的是广告，其中效果最好的又是电视广告。特别是公益广告和扶贫广告，对销售边远地区的绿色农产品可以起到积极作用。媒体所表达的内容以及形式要有利于宣传环境保护、维护生态平衡，像散发宣传单或在风景名胜处树立巨大的广告牌这类方式就不宜采用。

3. 绿色公关

充分运用公共策略和技巧，开展有效的绿色公关。参与各种展览会、商品交易会或利用“文化搭台，经贸唱戏”的办法推销和扩大绿色农产品销售范围，利用体育比赛进行广告、捐慈善事业、资助希望工程等扩大绿色农产品的影响，运用知识营销举办农产品栽培技术、绿色营销训练班来传播绿色营销知识，举办新闻发布会、开发生态旅游和田园旅游，也是绿色农产品促销的可行办法。

四、农产品品牌化建设

（一）农产品品牌的定义

1. 品牌的概念

现代定义的“品牌”（brand）是用来和竞争者产品有所区别的名称、符号、设计，或是合并使用的工具，通常包括以文字或数字表示或用口语表达的品牌名称，以及偏向于视觉特性的品牌标志，以麦当劳为例，McDonald's 是用口语表达的品牌名称，而儿童喜爱黄色的“M”图案标志，则是属于视觉上品牌标志。

2. 品牌农产品

所谓名牌农产品，首先要有较高的质量，有较高的市场占有率，同时，品牌具有较高的价值含量和文化含量。在我国的农产品市场上，已发现了一批具有良好形象的品牌，像河北的“露露”、海南的“椰风”、四川的“希望”、山东的“龙丰”、湖北的“神丹”等。这些知名品牌的产品首先在产品质量上是同类产品中的佼佼者，“露露”“椰风”以其特有的风味，赢得了广大消费者的青睐。

农产品在市场上销售和推广，大家看重的是牌子，而不仅仅是产品的本身。比如说，大家要喝牛奶的时候想到的是光明、伊利、蒙牛；要吃火腿肠、鲜肉的时候想到的是双汇；喝饮料的时候想到的是娃哈哈、农夫山泉等。

3. 农产品品牌化经营

农业品牌化经营是指通过农产品品牌的创立，推动农业整体发展，带动农户走向市场，提高农业综合生产能力的一种经营模式。农产品品牌化经营通过降低农业企业的成本来实现农业企业利润最大化，通过促进农户增加优质农产品的生产和销售来增加农民收入，对农业发展有很大的带动作用。

（二）农产品品牌化建设的作用

1. 便于消费者识别商品的出处

这是品牌经营最基本的作用，是生产经营者给自己的产品赋予品牌的出发点。在市场上，特别是在城市的超级市场中有众多的同类农产品，这些农产品又是由不同的生产者生产的，消费者在购买农产品的时候，往往是依据不同的品牌加以区别。随着农业科学技术的飞速发展，不同农产品的品质差异相距甚远。即使有两种品牌的农产品都能达到国家相关的质量标准，甚至符合绿色食品标准，仍可能存在很大的品质差异，如风味、质地、口感等。这些差异是消费者无法用肉眼识别的，消费者也不可能在购买之前都亲口尝一尝。所以，消费者就需要有容易识别的标志，这一标志只能是品牌。

2. 便于宣传推广农产品

商品进入市场有赖于各种媒体进行宣传推广，依赖于商品实体的品牌是其中一种宣传推广的重要媒体，而且它是不用花钱的广告媒体。商品流通到哪里，品牌就在哪里发挥宣传作用。品牌是生产者形象与信誉的表现形式，人们一见到某种商品的商标，就会迅速联想到商品的生产者、质量与特色，从而刺激消费者产生购买欲望。因此，独特的品牌和商标很自然地成为一种有效的宣传广告手段。

3. 有利于建立稳定的顾客群

品牌标记送交管理机关注册成为商标，需要呈报产品质量说明，作为监督执法的依据。这样，品牌也就成了产品质量的象征，可以促使生产者坚持按标准生产产品，保证产品质量的稳定，兑现注册商标时的承诺。如生产者降低产品质量，管理机关便可加以监督和制止，维护消费者的利益。一个成功的品牌实际上代表了一批忠诚的顾客，这批顾客会不断地购买该企业的产品，形成企业稳定的顾客群，从而确保了企业销售额的稳定。

4. 维护专用权利

品牌标记经过注册成为商标后，生产者既有上述保证产品质量的义务，也有得到法律保护的权利。商品注册人对其品牌、商标有独占的权利，对擅自制造、使用、销售本企业商标以及在同类、类似商品中模仿本企业注册商标等侵权行为可依法提起诉讼，通过保护商标的专用权，来维护企业的利益。

5. 充当竞争工具

在市场竞争中，名牌产品借助于名牌优势，或以较高的价格获取超额利润；或以相同价格压倒普通品牌的产品，扩大市场占有率。在商品进入目标市场之前，先行宣传品牌和注册商标既可防止“抢注”，又可以攻为守、先声夺人，为商品即将进入目标市场奠定基础。

（三）农产品品牌营销策略

1. 做好品牌定位

品牌定位，是指为自己的品牌在市场上树立一个明确的、有别于竞争对手的、符合消费者需要的形象，其目的是在消费者心目中占据一个有利的位置。因此，品牌定位是对潜在消费者需求心理所下的功夫。成功的品牌定位是产品进入市场、拓展市场的助推器。在进行品牌定位时，应该考虑以下几方面：

(1) 找准品牌代表的精髓。例如农产品可以以“绿色食品”“营养丰富”“食用方便”“用途多样”等作为自己的品牌主张。

(2) 对农产品的需求，有的消费者追求的是口感、有的追求的是营养、还有的追求的是食用方便等。在进行品牌定位时就要考虑目标消费群的这些特征，与目标消费群的需求相吻合。

(3) 品牌定位要考虑产品本身的特点。有的农产品附加价值高，营养丰富，具有多种功效，可以定位于高档商品之列，如高档宴席选用的精致大米，蛋白质含量高、口感好、外观好看、香味浓郁；而有的产品则要定位于大众消费。

(4) 品牌定位还必须考虑产品生产者的规模、技术水平和实力等相关因素。品牌定位是为了让产品占领和拓展市场，为生产者带来利润。因此，生产者一定要做“力所能及”的事，而不要好高骛远地空有一番雄心去做“想当然”的事。

(5) 在进行品牌定位时，应力求在品牌个性和形象风格上与竞争者有所区别，否则，消费者很容易将后进入市场的品牌视为模仿者而难以产生好感。

2. 塑造品牌形象

品牌的个性是由一致性和识别性二大基本要素构成的。生产者如果既能在一个品牌的性格塑造中保持其一致性，同时又实现品牌与顾客的有效沟通和情感交流以达成独特的识别特性，就可以完成其品牌的性格塑造，为产品的差异化创造有利条件。品牌形象和个性的塑造，应注意以下几个方面：

（1）品牌内在形象的塑造。品牌的内在形象主要体现在产品的质量特性上。质量是品牌形象的核心，是产品的生命所在。因此，国内外生产者无不把品牌质量放在品牌营销的首位。

（2）品牌外在形象的塑造。品牌的外在形象主要体现在品牌名称、品牌标志、品牌包装上。品牌名称是和消费者对品牌的印象紧紧联系在一起的。品牌名称给人在听觉和视觉上的感受要亲切动听，且便于记忆和突出特色。品牌标志的设计要清晰醒目、新颖美观并富有时代气息。包装是品牌形象的具体化，包装便于消费者识别品牌产品、展示品牌个性、促进产品销售。通过包装的造型、图案色彩、规格、包装材料的设计和选用，突出产品的个性，提高品牌的魅力。

3. 加强品牌的传播与维护

在现代信息社会中，不重视推广宣传，就不能及时将有关品牌的信息传达给消费者和公众，品牌就难以被消费者和公众知晓，也就失去了创立品牌的意义。品牌的传播要注意以下问题。

（1）集中力量将一个重点清晰明了地深入到消费者的心中，将重点的诉求点告诉消费者，这个重点就是品牌的特点和优势。

（2）抓住自己最本质的东西进行传播和展示，凸显个性，不要千篇一律。

（3）要坚持通俗、直截了当，绝不能故弄玄虚，要让新信息与消费者原有的观念相契合。

（4）在品牌传播过程中，要以一种亲切、有趣、贴近生活的方式与消费者进行沟通。

（5）要使一个品牌的信息传播在各种媒体上保持一致，传播的诉求点始终如一。

在激烈竞争的市场经济中，生产者不仅要创造品牌，更要注重保护品牌，才能使品牌长盛不衰。

(1) 进行商标注册。商标注册是品牌合法化的标志，也是品牌获得法律保护的基础。如果品牌商标不进行注册或不及时注册而被他人抢注或冒用，不但商标价值大打折扣，更重要的是会损害品牌产品的形象，影响生产者的声誉。因此，农产品生产经营者在创立品牌时，应及时进行商标注册，获得使用品牌名称和品牌标记的专用权。由于注册商标有地域性特点，所以有志于国际市场的农产品生产经营者，还应及时在国外的有关机构注册。

(2) 加强自我防护意识。品牌农产品生产经营者除了寻求法律的保护以外，还应该学会自我保护：一是积极配合有关部门参与打假；二是开展各种活动，引导消费者识假；三是利用先进防伪技术，努力防假；四是建立多种激励机制，鼓励社会公众揭假。

4. 积极采用品牌延伸与扩展策略

品牌延伸与扩展是指利用已获成功的品牌推出新产品，其最大优点是可以充分发挥成功品牌的效应，迅速推出新产品，省心省力，产品成功的概率也会增大。生产者实施品牌延伸与扩展策略时应遵循以下原则。

(1) 延伸、扩展的产品与原有品牌产品在最终用途、购买对象、生产条件、销售渠道等方面应存在一定的内在关联性。如生产食品的生产者将其品牌扩展到化肥就很难让人接受。

(2) 新产品品质应力求与成功品牌产品的品质相匹配。品牌在同一档次产品中横向扩展，一般问题不大，但当品牌向不同产品档次纵向扩展时则很容易使消费者产生品牌的档次在降低的印象，因此要慎之又慎。

(3) 品牌延伸与扩展必须务求成功。如果延伸扩展的产品在市场中经营失败，就可能波及其他产品乃至核心产品的信誉，产生“一步走失，全盘皆输”的恶果。

主要参考文献

白兆秀，孙晓宁，梁鹏 . 2016. 农民专业合作社财务管理［M］. 北京：中国农业大学出版社 .

辛子军，董云鹏 . 2017. 农民专业合作社运营实务［M］. 北京：中国农业出版社 .

姚凤娟，段会勇 . 2016. 农民专业合作社与家庭农场管理实务［M］. 北京：化学工业出版社 .

张永兵 . 2017. 农民专业合作社财产制度研究［M］. 武汉：武汉大学出版社 .